ESSAY

KRITIK

MARGINALIEN

Thomas Hertfelder, geb. 1959, bis 2025 Geschäftsführer und Mitglied des Vorstands der Stiftung Bundespräsident-Theodor-Heuss-Haus in Stuttgart. 2020 erschien *Erfolgsgeschichte Bundesrepublik. Aufstieg und Krise einer Meistererzählung.*
thomashertfelder@alice-dsl.de

Timon Beyes, geb. 1973, Professor am Institut für Soziologie und Kulturorganisation der Leuphana Universität Lüneburg. 2024 erschien *Organizing Color. Toward a Chromatics of the Social.*
timon.beyes@leuphana.de

Gregory Jones-Katz, geb. 1980, Ideenhistoriker, Fellow am Forschungskolleg Humanwissenschaften der Goethe-Universität Frankfurt in Bad Homburg. 2021 erschien *Deconstruction: An American Institution*.

Paola Lopez, geb. 1988, wissenschaftliche Mitarbeiterin am Fachbereich Mathematik und Informatik der Universität Bremen, assoziierte Wissenschaftlerin am Weizenbaum-Institut in Berlin. 2025 erschien der Roman *Die Summe unserer Teile*.

Gunnar Hindrichs, geb. 1971, Professor für Philosophie an der Universität Basel. 2020 erschien *Zur kritischen Theorie*; 2024 *Abseits des Krieges. Ein philosophischer Essay*.

Andreas Funke, geb. 1972, Professor für Öffentliches Recht und Rechtsphilosophie an der Friedrich-Alexander-Universität Erlangen. 2020 erschien *Falldenken im Verwaltungsrecht. Ein systematisches Studienbuch*.
andreas.funke@fau.de

Johannes Franzen, geb. 1984, Literaturwissenschaftler, Wissenschaftlicher Mitarbeiter an den Universitäten Siegen und Mannheim. 2024 erschien *Wut und Wertung. Warum wir über Geschmack streiten.*
johannnesfranzen.com/

Jens Soentgen, geb. 1967, Philosoph und Chemiker. Leiter des Wissenschaftszentrums Umwelt der Universität Augsburg. 2024 erschienen *Philosophie des Wassers* und *Indigenous Knowledge and Material Histories*.
jens.soentgen@wzu.uni-augsburg.de

William Collins Donahue, geb. 1959, Cavanaugh Professor of the Humanities und Professor of European Studies an der University of Notre Dame. 2025 erscheint *Beyond Germany: Cultivating Memory in an Age of Forgetting* (Hrsg. zus. m. Jens Gurr).

Anke Stelling, geb. 1971, freie Schriftstellerin. 2018 erschien der Roman *Schäfchen im Trockenen*, 2020 die Erzählungen *Grundlagenforschung*.
www.ankestelling.de

ZU DIESEM HEFT

Im akademischen Betrieb sind Fußnoten Pflicht. Als Beleg, dass man Behauptungen oder Thesen nicht aus der Luft greift. Als Dankesgruß für Gedanken, die man bei anderen vorfand. Wissenschaft ist Gespräch, und der Fußnotenapparat verhindert, dass der Eindruck des Monologischen entsteht.

Für den Essay ist die Fußnote dagegen nicht unbedingt Pflicht, eher Neigung. Viele Essays im *Merkur* können und wollen ihre Herkunft aus dem Akademischen nicht leugnen. Die Pflicht zum Beleg im bibliografischen Verweis ist ihnen darum mindestens zweite Natur. Einmal (Nr. 776, Januar 2014) haben wir ein ganzes Heft ohne eine einzige Fußnote gemacht. Das war die Ausnahme vom Regelfall in dieser Zeitschrift.

Der *Merkur* ist oft mit Fußnoten voll. Das aktuelle Heft vielleicht ganz besonders, auffällig bei den Texten von Paola Lopez oder Jens Soentgen. Was aber auch auffällt, hier und bei vielen anderen Texten: Die Orte und Zeiten, auf die sie weisen, sind in ihrer Herkunft historisch, disziplinär und in ihren Erscheinungsweisen von enormer Diversität. Von Cicero über Paracelsus bis Peter Thiel und den Studien zu KI. Ein reiches Schatzhaus der (nicht nur) abendländischen Kulturgeschichte. Dabei mathematisch genau, lateinisch zitiert, rechtlich fundiert. Und von der Redaktion überprüft und, soweit menschenmöglich, korrekt.

Es ist nicht ganz ohne Ironie, wie sehr eine als akademisch verschriene Kulturtechnik gerade in der neuesten Gegenwart einen entscheidenden Unterschied macht. Künstliche Intelligenzen erfinden und halluzinieren, wie man weiß, besonders gerne bibliografische Verweise. Bei uns dagegen ist darauf Verlass, dass alles von menschlichen Hirnen zitiert und gecheckt wird.

CD/EK

Thomas Hertfelder

Von Weimar lernen

Unsere Erinnerung an die Republik von Weimar unterliegt markanten Schwankungen. Galt diese in der alten, westdeutschen Bundesrepublik noch als Paradigma einer gescheiterten Demokratie und Schreckbild für eine stets auf Stabilität und Sicherheit bedachte Ordnung, so war es nach 1989/90 für eine ganze Weile erstaunlich still um sie geworden. Fast reflexhaft wurden in den mit Verve geführten Debatten um »Deutschlands Wiederkehr« (Peter Bender) das Kaiserreich und die NS-Diktatur aufgerufen; die Weimarer Republik spielte in diesem neuen Deutschland-Diskurs kaum eine Rolle. Vor allem aber fand sie in der gleichzeitig einsetzenden Hochkonjunktur der internationalen Holocaust-Forschung, die mit einer neuen, nunmehr gänzlich auf »Aufarbeitung« getrimmten Erinnerungskultur einherging, keinen Platz mehr. Dies mag im Rückblick insofern verwundern, als wichtige Studien, die von Detlev Peukerts prominenter Interpretation der Weimarer Republik als den »Krisenjahren der klassischen Moderne« inspiriert worden waren,[1] inzwischen auf durchaus beunruhigende Weise eine ganze Reihe von *missing links* zwischen der liberalen Demokratie von Weimar und den Praktiken der darauffolgenden totalitären Diktatur zutage gefördert hatten. Jedenfalls war das »Lehrstück Weimar«, wie Andreas Wirsching noch im Jahr 2012 lapidar feststellte, dem »Lehrstück Holocaust« gewichen.[2]

Bereits damals hatte indessen jene Serie schockartiger Verwerfungen eingesetzt, die die Weimarer Republik nach und nach wieder ins öffentliche Bewusstsein zurück befördern sollten: Von der Weltfinanzkrise 2008/09 über den steilen Anstieg der Migrationsströme nach Europa in den Jahren 2015/16 und die beklemmenden Jahre der Pandemie bis hin zum russischen Angriffskrieg gegen dic Ukraine erschütterte ein regelrechtes Stakkato von Krisenerfahrungen die westliche Welt, die seither zusehends aus den Fugen zu geraten scheint. Eine sich lange anbahnende und ebenso lange unterschätzte, zuletzt aber steil ansteigende Welle rechtsextremistischer Populismen tat ein Übriges, um das Gespenst der »Weimarer Verhältnisse« wieder auf den Plan zu rufen.

Unter dieser Überschrift stand auch jene Debatte, die namhafte Historikerinnen und Historiker 2017 in der *Frankfurter Allgemeinen Zeitung*

1 Detlev J. K. Peukert, *Die Weimarer Republik. Krisenjahre der Klassischen Moderne.* Frankfurt: Suhrkamp 1987.

2 Andreas Wirsching, *Vom »Lehrstück Weimar« zum Lehrstück Holocaust?* In: *Aus Politik und Zeitgeschichte*, Nr. 62, 1/3, 2012.

ausgetragen haben.[3] Das Fazit: Allen Unkenrufen geschichtsbeflissener Kommentatoren zum Trotz sind wir von »Weimarer Verhältnissen« noch immer weit entfernt, weil die konkrete Konstellation unserer Tage doch eine deutlich andere ist als die zwischen 1918 und 1933. Damit scheint die alte Frage, ob wir aus »Weimar« überhaupt etwas für unsere Gegenwart lernen könnten, erneut *ad acta* gelegt. Mit dem definitiven Bedeutungsverlust der pädagogisch einst so wertvollen These vom deutschen Sonderweg scheint auch der didaktische Nutzen der Weimarer Erfahrungen endgültig verbraucht.

Nach Koselleck: Lehren aus der Geschichte?

Historikerinnen und Historiker bestreiten ebenso gerne wie nachdrücklich, dass sich aus den Ergebnissen ihrer Forschungen ein Anwendungswissen zur Bearbeitung gegenwärtiger Probleme gewinnen lasse. Zur Begründung rufen sie in der Regel eine Autorität auf, der zu widersprechen im Fachdiskurs riskant erscheint: Reinhart Koselleck. Seit der »Sattelzeit« zwischen 1750 und 1850, so Koselleck, war die Geschichte in der Reflexion der Zeitgenossen aus naturalen Zeitbestimmungen wie dem Umlauf der Gestirne und der Abfolge der Dynastien herausgetreten, um sich neuartigen, geschichtsimmanenten Narrativen zu verschreiben. Aufklärerische Ideen einer Erziehung des Menschengeschlechts sowie eine neue Geschichtsphilosophie, die die aufkommende Veränderungsdynamik in robuste Fortschrittsnarrative umzudeuten wusste, haben den bis dahin wirksamen antiken Topos einer *Historia magistra vitae* definitiv aufgelöst. So ist aus jenen »Geschichten«, die eine vorrevolutionäre, pragmatische Geschichtsschreibung zum Zwecke exemplarischer Belehrung der Nachgeborenen noch aufgeschrieben hatte, *die* »Geschichte« als Kollektivsingular im Sinne eines universalen Ereigniszusammenhangs geworden – und damit ein Reflexionsbegriff, der in den ideologischen Debatten fortan eine zentrale Rolle spielen sollte. Diese Geschichte konnte zwar im Licht der Großideologien des 19. und 20. Jahrhunderts zum Subjekt geadelt werden, aufgrund ihrer dramatischen Veränderungsbeschleunigung indessen nicht mehr als Exempel wirken, aus dem man unmittelbaren Nutzen hätten ziehen könnte.[4]

3 Die Debatte ist als Buch erschienen: Andreas Wirsching / Berthold Kohler / Ulrich Wilhelm (Hrsg.), *Weimarer Verhältnisse? Historische Lektionen für unsere Demokratie*. Ditzingen: Reclam 2018.

4 Reinhart Koselleck, *Historia Magistra Vitae. Über die Auflösung des Topos im Horizont neuzeitlich bewegter Geschichte* [1967]. in: Ders.: *Vergangene Zukunft. Zur Semantik geschichtlicher Zeiten*. Frankfurt: Suhrkamp 1989.

Das Argument ist schwer zu widerlegen. Geschichte wiederholt sich nicht. Es leuchtet ein, dass uns in der »neuzeitlich bewegten Geschichte« (Koselleck) ein unmittelbar anwendbares, historisches Erfahrungswissen unwiderruflich abhandengekommen ist. Zwar hatten nach dem Zerfall des Topos von der *Historia magistra vitae* fortschrittsfrohe Geschichtsphilosophen und modernistische Sozialingenieure für eine Weile noch geglaubt, der Prozess der Geschichte ließe sich gezielt steuern, wenn man nur sein wahres Subjekt identifiziert oder die richtigen Stellschrauben makroökonomischer Planung gefunden habe. Doch waren diese Utopien mit dem Ende der *Trente Glorieuses* offenkundig verbraucht. Übrig blieb das *muddling through* eines permanenten, weitgehend der Gegenwart verschriebenen Krisenmanagements.

Bei alledem wird die andere Seite des Koselleckschen Werks, die Stefan-Ludwig Hoffmann herausgearbeitet hat,[5] gerne übersehen. Den beschleunigten Wandel nämlich, der der Vorstellung einer *Historia vitae magistra* den Boden entzogen hat, können wir nur deshalb konstatieren, weil uns überzeitliche Kategorien und Strukturen dazu in die Lage versetzen. Mehr noch – bestimmte Strukturen wiederholen sich: »Es gibt Dimensionen, diachroner und synchroner Art, die zeitlich verschieden tief gestaffelt sind und über die uns auch weit zurückliegende Historiker belehren können, weil die Geschichte sich strukturell wiederholt«, notierte Koselleck 1988.[6] Dabei ging es dem Bielefelder Historiker nicht um zyklische Geschichtsverläufe, sondern um Konstellationen und Strukturen mittlerer Dauer, die in späteren Zeiten als »Erfahrungsmodelle« – so sein Terminus – diskutiert werden können.

In der Tat müssen wir jenseits *formaler* Kategorien, die uns historische Erkenntnis überhaupt erst ermöglichen, auch *materiale* Strukturen in Betracht ziehen, wenn wir historische Prozesse und Ereignisse angemessen begreifen wollen. Von einer Krise des Parlamentarismus können wir nur sprechen, weil der Parlamentarismus samt seiner Varianten in bestimmten Gesellschaften eine Struktur von relativer Dauer darstellt; ähnliches gilt für den Hoch- und Spätkapitalismus, der trotz seiner Stadien und Spielarten bestimmten Verwertungsimperativen gehorcht, nach bestimmten Mustern ökonomische und soziale Verwerfungen hervorbringt etc.[7] Bei allem Wandel stellen solche

5 Stefan-Ludwig Hoffmann, *Der Riss in der Zeit. Kosellecks ungeschriebene Historik*. Berlin: Suhrkamp 2023.

6 Reinhart Koselleck, *Stetigkeit und Wandel aller Zeitgeschichten. Begriffsgeschichtliche Anmerkungen*. In: Ders., *Zeitschichten. Studien zur Historik*. Frankfurt: Suhrkamp 2003.

7 Werner Plumpe, *Das kalte Herz. Kapitalismus: Die Geschichte einer andauernden Revolution*. Rowohlt Berlin 2019; Friedrich Lenger, *Der Preis der Welt. Eine Globalgeschichte des Kapitalismus*. München: Beck 2023; Jürgen Kocka, *Geschichte des Kapitalismus*. München: Beck 2024.

Strukturen den Rahmen bereit, innerhalb dessen wir über mögliche »Lehren«, die wir aus historischer Reflexion gewinnen können, wieder nachdenken sollten.

Für die Frage nach möglichen »Lehren von Weimar« heißt dies zunächst: Um sie zu erwägen, braucht es keine Weimarer Verhältnisse. Insofern gilt weiterhin, dass die Geschichte sich nicht wiederholt. Was aber unsere und die Weimarer Zeit jenseits einer amorphen »Polykrise« verbindet, ist eine auf kapitalistische Verwertungsimperative gegründete ökonomische Ordnung, ein über Volkssouveränität sich legitimierendes politisches System, das in unterschiedlichen Gewichtungen auf parlamentarische Repräsentation setzt, eine hochdynamische Mediengesellschaft sowie schließlich eine kulturelle Moderne, die ihre eigentümliche Kreativität nicht zuletzt aus den vielfachen Fragmentierungen und Polarisierungen im sozialen Raum bezieht.

Vor diesem Hintergrund halte ich es für fruchtbarer, über mögliche, keineswegs zwingende Lehren, die wir aus den Weimarer Erfahrungen ziehen können, wieder zu diskutieren, statt sie mit dem reflexhaften Verweis auf das Verblassen eines antiken Topos beiseite zu wischen.[8] Im Bann des Koselleckschen Arguments und im Wissen um die grenzenlose Komplexität ihrer Themen übt die zeithistorische Forschung – anders als eine diesbezüglich geradezu unbekümmert agierende Politikwissenschaft[9] – größte Zurückhaltung, gegenwärtige Problemlagen im Licht historischer Erfahrungen zu diskutieren. Eine solche Abstinenz ist methodisch durchaus nicht zwingend und birgt praktisch die Gefahr der Selbstmarginalisierung der Disziplin.

Weimar als Exempel

Medien. Das Foto fand sich über Jahrzehnte hin fast in jedem Schulbuch: Reichspräsident Friedrich Ebert, Reichswehrminister Gustav Noske und einige Begleiter posieren am 16. Juli 1919, bekleidet nur in Badehosen, am Ostseestrand von Haffkrug lächelnd vor einer Kamera, deren Bedeutung im Dispositiv der neuen Mediengesellschaft die Herren vor Ort weit unterschätzt hatten. Das Foto, das ein Strandfotograf mit dem offenkundigen Einverständnis der Abgelichteten geschossen hatte, fand zunächst über die *Deutsche*

8 So die Debatte in der *Österreichischen Zeitschrift für Geschichtswissenschaften*, Nr. 16/2, 2005: *Historia Magistra Vitae*? Hrsg. v. Mikuláš Teich u. Albert Müller.

9 Vgl. z.B. Steven Levitsky / Daniel Ziblatt, *Wie Demokratien sterben. Und was wir dagegen tun können*. Aus dem Amerikanischen von Klaus-Dieter Schmidt. München: DVA 2018; Herfried Münkler, *Welt in Aufruhr. Die Ordnung der Mächte im 21. Jahrhundert*. Rowohlt Berlin 2023.

Tageszeitung, sodann über die *Berliner Illustrirte Zeitung* seinen Weg in die Öffentlichkeit. Dass die *Berliner Illustrirte* mit der Aufnahme ausgerechnet am Tag von Eberts Vereidigung als Reichspräsident am 21. August 1919 großformatig aufmachte, war kein Zufall. Der Vorgang verweist vielmehr auf die Aufmerksamkeitsökonomie einer technisierten Mediengesellschaft und auf das Skandalisierungspotenzial, Privates im privatwirtschaftlich organisierten öffentlichen Diskurs jederzeit politisch auszuschlachten. Zu immer neuen Schmähbildern war das Foto verarbeitet worden – einzig zu dem Zweck, das demokratische Staatsoberhaupt und mit ihm die noch junge Demokratie verächtlich zu machen.[10]

Funktioniert hat dieser Coup im Kontext der sogenannten »Dolchstoßlegende«, jener Lüge also, der zufolge sozialdemokratische Politiker die Verantwortung für die Niederlage des Deutschen Reichs im Ersten Weltkrieg trügen.[11] Die Weimar-Forschung ist sich darin weitgehend einig, dass es der demokratischen Republik trotz beachtlicher Ansätze – etwa der Bemühungen des »Reichskunstwarts« Edwin Redslob – nicht gelungen ist, wirkmächtige Gegennarrative zu dieser gefährlichen Erzählung zu etablieren. Stattdessen muss die Naivität, mit der Verfassungsorgane wie Regierung und Reichstag auf die Dynamiken einer damals nachgerade explodierenden, zudem in politischen Echokammern zerklüfteten Mediengesellschaft reagiert haben, aus heutiger Sicht verblüffen.[12] Das Badehosenfoto steht dafür emblematisch.

Die Conclusio aus diesem Befund kennen wir längst. Mehr noch als autokratische Systeme bedürfen Demokratien einer glaubwürdigen Kommunikation ihres politischen Selbstverständnisses, und zwar in dreierlei Hinsicht: Zum einen sind Demokratien auf spezifische Legitimationsnarrative angewiesen, die die demokratischen Institutionen und Prozeduren auch jenseits ihres »Output« in größere Sinnzusammenhänge einbetten. Demokratien tun zudem zweitens gut daran, kommunikativ (das heißt auch technologisch) auf der Höhe ihrer Zeit zu agieren. Im Interesse ihres eigenen Überlebens sind sie schließlich drittens gut beraten, jenen toxischen Narrativen und Produktionsweisen alternativer Fakten, die es auf ihre Zerstörung abgesehen haben, beherzt entgegenzutreten, und zwar mit Argumenten, die das Zerstörerische

10 Walter Mühlhausen, *Die Weimarer Republik entblößt. Das Badehosen-Foto von Friedrich Ebert und Gustav Noske*. In: Gerhard Paul (Hrsg.), *Das Jahrhundert der Bilder. Bildatlas 1900–1949*. Göttingen: Vandenhoeck & Ruprecht 2009.

11 Boris Barth, *Dolchstoßlegenden und politische Desintegration. Das Trauma der deutschen Niederlage im Ersten Weltkrieg 1914–1933*. Düsseldorf: Droste 2003.

12 Zum Reichstag vgl. Thomas Mergel, *Parlamentarische Kultur in der Weimarer Republik. Politische Kommunikation, symbolische Politik und Öffentlichkeit im Reichstag*. Düsseldorf: Droste 2002.

dieser Narrative dezidiert ins Zentrum rücken. Große Teile des politischen Liberalismus und des Bürgertums der Weimarer Zeit haben genau dies versäumt und stattdessen versucht, im radikalen, völkischen Nationalismus der extremen Rechten auch »aufbauende« Elemente, etwa eine »nationale Wiedergeburt«, zu identifizieren.

Politische Gewalt. Politische Gewalt war in den Weimarer Jahren weit verbreitet. Sie kam und ging in Wellen. Sie zeigte ihre unterschiedlichen Gesichter in Form von tödlichen Attentaten, Putschversuchen, Aufständen und Straßenkämpfen; die Forschung spricht von »punktuellem Bürgerkrieg« (Dirk Schumann). Die Ursachen der Weimarer Gewalteskalation sind vielfältig. Manche der Faktoren, die in der Debatte angeführt wurden, hat die Forschung inzwischen stark relativiert, etwa die von Eric Hobsbawm betonte Verrohung durch den Ersten Weltkrieg oder die These der »Gründungsgewalt«, wie sie Mark Jones vorgetragen hat.[13]

Gesichert ist, dass rechtsterroristische Geheimbünde die Gewalt gegen die Exponenten der Demokratie gezielt geschürt, geplant und generalstabsmäßig ausgeübt haben und in ihrem Treiben von einer halbblinden Justiz geduldet wurden. Spezifisch moderne Erlösungsideologien haben die Ausübung von Gewalt nicht nur als legitimes Mittel zur Durchsetzung ihrer Ziele propagiert, sondern sie auch als Zweck an sich, als »autotelische Gewalt« (Jan Philipp Reemtsma), geradezu geadelt. In ihren Reaktionen hat die Staatsgewalt, wie sich nicht nur am Beispiel des »Berliner Blutmai« von 1929 minutiös zeigen lässt, oftmals maßlos eskaliert und damit die Gewaltspirale weiter in Gang gehalten. Und schließlich hat eine reich dokumentierte Sprache der Gewalt in Wort und Bild direkt oder indirekt zu deren Ausübung aufgerufen. Auch dazu liegen zahlreiche Forschungen vor, die zumindest die Prämisse plausibilisieren, dass die Sprache der Gewalt den Taten vorausgegangen ist, mithin ihren Rahmen und diskursiven Hintergrund zugleich bildete. Die Morde an Walther Rathenau und Matthias Erzberger wurden im Klima einer bis dahin beispiellosen Hetze begangen. Aus Worten – und Bildern – wurden Taten.[14]

13 Eric Hobsbawm, *Das Zeitalter der Extreme. Weltgeschichte des 20. Jahrhunderts*. Übersetzt v. Yvonne Badal. München: Hanser 1995; Mark Jones, *Am Anfang war Gewalt. Die deutsche Revolution 1918/19 und der Beginn der Weimarer Republik*. Aus dem Englischen von Karl Heinz Siber. Berlin: Propyläen 2017.

14 Vgl. z.B. Alexander Gallus, *Wenn Worte zu Waffen werden. Karl Helfferich und die Gewalt der Sprache*. In: Martin Sabrow (Hrsg.), *Gewalt gegen Weimar. Zerreißproben der frühen Republik 1918–1923*. Göttingen: Wallstein 2023; Stefanie Schüler-Springorum, *Vom Wort zur Tat. Das Erbe des Weimarer Antisemitismus*. In: Hanno Hochmuth u.a. (Hrsg.), *Weimars Wirkung. Das Nachleben der ersten deutschen Republik*. Göttingen: Wallstein 2020.

Aufschlussreich sind auch Befunde zur organisierten politischen Gewalt, wie sie etwa der Rotfrontkämpferbund und insbesondere die SA ausübten. So konnte gezeigt werden, dass während eines vorübergehenden Verbots der nationalsozialistischen Kampf- und Terrororganisation zwischen 13. April und 14. Juni 1932 die Zahl der politischen Gewalttaten signifikant zurückgegangen war, nach der Aufhebung des Verbots durch die neu ins Amt gelangte Regierung unter Reichskanzler Franz von Papen hingegen wieder stark anstieg. Beide Befunde – der zur Sprache der Gewalt wie der zur organisierten Gewalt – legen die Schlussfolgerung nahe, dass gezielte Verbote sowohl von Gewaltpropaganda als auch gewaltbereiter Organisationen effektiv dabei helfen, politisch motivierte Gewalt einzudämmen. Diese Schlussfolgerung erscheint umso wichtiger, als politische Gewalt auf dem Umweg einer durch sie ausgelösten Bürgerkriegspsychose – auch dies ein Topos der Weimar-Forschung – geeignet ist, eine Demokratie zu destabilisieren und autoritäre Alternativen zu begünstigen.

Parlamentarismus. Als historisches Exempel hat der Parlamentarismus der Weimarer Republik eine reiche Tradition. Schon die Mitglieder des Parlamentarischen Rats, die das Scheitern der ersten deutschen Demokratie größtenteils selbst erlebt hatten, nahmen vielfach Bezug auf die Probleme der ersten deutschen Demokratie, um bei der Ausarbeitung des Grundgesetzes die vielzitierten »Lehren aus Weimar« zu ziehen.[15] Wenige Jahre später präparierte der Bonner Politikwissenschaftler Karl Dietrich Bracher in einer bahnbrechenden Studie die Auflösung der Weimarer Republik nachgerade zu einem »Modell für die Probleme der Erringung und Erhaltung, des Abbaus und Verlusts politischer Macht« in der Demokratie in präventiver Absicht.[16] Trotz aller Kontroversen, die seine Studie in der akademischen Geschichtswissenschaft sogleich auslöste, avancierte Brachers monumentales Werk in der Bonner Republik zu einem Klassiker der zeitgeschichtlichen Forschung, nicht zuletzt wegen seines expliziten didaktischen Anspruchs. Noch in einem neuen Vorwort aus dem Jahr 1978 meinte Bracher feststellen zu können, die Weimarer Republik sei »auf eine oftmals bestürzende Weise aktuell geblieben«.[17] In der Antwort auf die Frage, ob seine Analyse der Erosion des demokratischen Systems der Jahre 1930 bis 1933 im Blick zum Beispiel auf die

15 Sebastian Ullrich, *Der Weimar-Komplex. Das Scheitern der ersten deutschen Demokratie und die politische Kultur der frühen Bundesrepublik*. Göttingen: Wallstein 2009.

16 So Bracher im Vorwort zur Erstausgabe: Karl Dietrich Bracher, *Die Auflösung der Weimarer Republik. Eine Studie zum Problem des Machtverfalls in der Demokratie*. Düsseldorf: Ring-Verlag 1955.

17 So im Vorwort zur Taschenbuchausgabe von 1978.

Verfassungswirklichkeit der Bundesrepublik tatsächlich handlungsleitende Gesichtspunkte bereithalten kann, liegt allerdings eine Herausforderung.

Bracher konstatierte eine konstitutive Schwäche des demokratischen Parteiensystems von Weimar, die sich in dogmatisch verhärteten, nur bedingt regierungsbereiten Parteien, einer zunehmenden Zahl von Splitter- und Interessenparteien sowie der geringen Bereitschaft sowohl zum Kompromiss wie auch zur Übernahme politischer Verantwortung zeigte – ein Syndrom, das vor dem Hintergrund der Weltwirtschaftskrise der Jahre 1930 bis 1933 schließlich in eine letale Aushöhlung des Parlamentarismus gemündet sei. Die sah der Historiker im Dualismus zwischen Parlament und einem plebiszitär legitimierten, als mächtiges Widerlager gegen die Parteiendemokratie gezielt in Stellung gebrachten Reichspräsidenten bereits konstitutionell angelegt.

Im Licht dieser Analyse hätte sich die parlamentarische Urszene zur Auflösung der Republik im Sommer 1930 ereignet: Nachdem eine seit 1928 regierende Große Koalition des sozialdemokratischen Kanzlers Hermann Müller an einem sozialpolitischen Konflikt unter den fünf beteiligten Regierungsfraktionen zerbrochen war, beantwortete der neue Kanzler Heinrich Brüning am 16. Juli die Ablehnung einer Steuernovelle durch den Reichstag mit dem Übergang vom parlamentarischen System zu einem autoritären Notverordnungsregime. Die folgenden Wahlen vom 14. September erbrachten einen Erdrutschsieg der Nationalsozialisten, die ihren Stimmenanteil von zuvor 2,6 auf nunmehr 18,3 Prozent erhöhen und mit 107 Abgeordneten in den Deutschen Reichstag einziehen konnten; auch die Kommunisten hatten mit einem Anstieg von 10,6 auf 13,1 Prozent der Wählerstimmen einen beachtlichen Erfolg verbucht: Die beiden extremistischen Parteien stellten nun nach den Sozialdemokraten die zweit- und drittstärkste Fraktion im Reichstag.

Der im Juli 1930 vollzogene Übergang zum autoritären Regime der präsidialen Notverordnungen begünstigte die Radikalisierung des politischen Diskurses noch einmal erheblich. Dies sollte sich nicht zuletzt im anschließenden, von schrillen Parolen und zahllosen Gewalttaten bestimmten Wahlkampf zeigen. Denn im Kampf um Wählerstimmen sahen die Parteien nunmehr wenig Grund zur Mäßigung, war doch im Zeichen des Notverordnungsregimes der Zwang zur parlamentarischen Regierungsbildung sowie zur legislativen Kompromissfindung weitgehend entfallen; das Parlament hatte zudem seine Funktion eingebüßt, jene »unnatürliche Primitivierung der politischen Technik«, die Hans Kelsen der »demokratischen Idee« eingeschrieben sah, zu moderieren.[18] Historikerinnen und Historiker haben immer wieder darauf

18 Hans Kelsen, *Vom Wesen und Wert der Demokratie*. Tübingen: J. C. B. Mohr 1929.

verwiesen, dass auch nach dem desaströsen Wahlergebnis eine demokratische Mehrheit im Reichstag zur Bildung einer parlamentarischen Regierung rechnerisch, aber eben nur rechnerisch, gerade noch möglich gewesen wäre. Doch wäre die Trennlinie im Reichstag dann nicht mehr zwischen der Regierung und einer sich als demokratische Alternative verstehenden Opposition verlaufen, sondern zwischen den republikanischen Regierungsparteien auf der einen und den auf Umsturz bedachten Parteien NSDAP und KPD andererseits, Parteien also, die mit ihrer Politik der systematischen Obstruktion den Begriff der parlamentarischen Opposition *ad absurdum* führten.

Mit dem Übergang zum präsidialen Notverordnungsregime im Sommer 1930 waren nicht nur die Legislativ-, Kontroll- und Integrationsmechanismen des parlamentarischen Systems weitgehend außer Kraft gesetzt, auch die Regeln parlamentarischen Sprechens verloren ihre Verbindlichkeit. Persönliche Angriffe, Zwischenrufe und Beleidigungen wurden zum parlamentarischen Alltag, moderierende Ämter politisiert, obstruktive Scheinanträge etwa zu Verfahrensfragen eingebracht, Legitimität und Bedeutung des Parlaments mit ostentativer Häme bestritten: »Meine Herren, treten Sie ab! Ihre Uhr ist abgelaufen! Das junge Deutschland ist hier einmarschiert!« – mit diesem Appell beendete der nationalsozialistische Abgeordnete Gottfried Feder am 17. Oktober 1930 in der vierten Sitzung des neugewählten Reichstags seine Rede.

In ihren Bemühungen, der systematischen parlamentarischen Obstruktion durch die Flügelparteien zu begegnen, überdehnten die republikanischen Parteien ihrerseits bald die Grenzen des Regelwerks, indem sie 1931 zur Abwehr der radikalen Kräfte eine fragwürdige Reform der Geschäftsordnung durchsetzten. In ihrem ebenso verzweifelten wie unzulänglichen Versuch, »echte« von »unechten« Anträgen zu unterscheiden und auf dem formalen Verfahrensweg die letzteren präventiv auszuschließen, verstrickten sie sich in offenkundige Widersprüche, die von den Vertretern der Flügelparteien genüsslich ausgeschlachtet wurden: In den Augen seiner Widersacher gab das durch permanente Obstruktion herausgeforderte parlamentarische Regelwerk seine Parteilichkeit zu erkennen.[19]

Nach dem »Machtverlust« des Parlaments, so die klassische Deutung, wussten Kräfte im Umkreis des Reichspräsidenten, der Reichswehr und des umtriebigen Generals Kurt von Schleicher das parlamentarische

19 Verhandlungen des Reichstags. Stenographische Berichte, 20. u. 21. Sitzung vom 09.Februar 1931; Mergel, *Parlamentarische Kultur*.

»Machtvakuum«, so Brachers pneumatische Metapher,[20] autoritär zu füllen; Instrumente, die 1919 noch mit Blick auf den ersten Reichspräsidenten Friedrich Ebert zum Schutz der Demokratie ersonnen worden waren, entpuppten sich, wenig überraschend, in den Händen der Autoritären als Werkzeuge zu deren Zerstörung. Zeichnete sich die gemäßigte Variante des präsidialen Notverordnungsregimes bis zum Mai 1932 zunächst noch dadurch aus, dass Brünings Kanzlerschaft mangels parlamentarischer Alternativen und aus Angst vor abermaligen Neuwahlen von der Reichstagsmehrheit toleriert wurde, so handelte es sich dabei gleichwohl um ein autoritäres Experiment, das den Parlamentarismus rasant aushöhlte und damit die um sich greifende Radikalisierung erst recht befeuerte.

Dies gilt zumal für die »offen antiparlamentarische Phase« (Heinrich August Winkler) während der kurzen Kanzlerschaften Franz von Papens und Kurt von Schleichers 1932. Die parlamentarische Ordnung beruht auf der reziproken Erwartung, dass jeder Akteur dem anderen, je nach parlamentarischen Mehrheitsverhältnissen, die gleiche Chance auf den legitimen Machtgewinn offenhält. Diese Struktur war in den zweieinhalb Jahren autoritären Regierens zwischen Sommer 1930 und Januar 1933 stillgestellt. Als am 30. Januar 1933 wieder eine Regierung ins Amt gelangte, die vom Vertrauen einer Mehrheit im Parlament getragen war, nutzte diese die »über-legale Prämie auf den legalen Besitz der legalen Macht« umgehend dazu, die ohnehin weit erodierten Grundlagen der Weimarer Demokratie vollends zu zerstören.[21]

Entpolitisierung und Entparlamentarisierung. Lassen sich aus dieser klassischen Analyse nun spezifische Folgerungen für den Parlamentarismus der Berliner Republik ziehen? *Prima facie* wohl kaum. Im Unterschied zum Semiparlamentarismus der Weimarer Republik lässt das parlamentarische Regierungssystem der Bundesrepublik die Ausformung eines präsidialen Notverordnungsregimes à la Weimar und mithin die Entstehung eines entsprechenden »Machtvakuums« im parlamentarischen Raum strukturell nicht zu. Es gibt allerdings zu denken (und erinnert nun doch entfernt an den Herbst 1930), wenn seit den jüngsten Bundestagswahlen eine Mehrheit innerhalb der parlamentarischen Opposition aufgrund ihrer extremistischen Positionen als systemkonforme Alternative zur Regierung auszufallen droht, der Parlamentarismus damit in eine eigentümliche Schieflage und in einem ganz neuen Sinn alternativloses Regieren mehr und mehr zum Modus Operandi gerät.

20 So ist das gesamte zweite Oberkapitel im zweiten Teil der Studie mit »Phase des Machtvakuums: Die Ära Papen-Schleicher« überschrieben.

21 Carl Schmitt, *Legalität und Legitimität*. Berlin: Duncker & Humblot 1932.

Wenn demokratische Wahlen in einem Mehrheitsvotum gegen das parlamentarische System selbst enden, lässt sich dieses Dilemma kaum mehr mit den Mitteln des Parlamentarismus selbst auflösen. Die politische Thematisierung und Bearbeitung der gesellschaftlichen Probleme, die diesen Zustand befördern, muss vielmehr vorher erfolgen. Der Weimarer Parlamentarismus delegitimierte sich nicht primär durch seine aporetischen Versuche, den systematischen Obstruktionen von NSDAP und KPD verfahrenstechnisch zu begegnen, sondern durch Selbstblockade und Resignation, die durch die autoritäre Praxis der Notverordnungen nochmals beträchtlich verstärkt wurden. In der Gegenwart findet das von Bracher diagnostizierte »Machtvakuum«, die zunehmende Verlagerung politischer Aushandlungs- und Entscheidungsprozesse in die Exekutive, seine strukturelle Analogie in den vielfachen Tendenzen zu einer schleichenden Entparlamentarisierung und Entpolitisierung, wie wir sie seit rund drei Jahrzehnten allenthalben beobachten.

Das Argument liegt ja nicht erst seit heute auf der Hand: Wenn die Erörterung und Vorentscheidung elementarer politischer Fragen in Expertengremien ausgelagert, Regieren und Entscheiden im Modus technokratischer Alternativlosigkeit vollzogen und zugleich zentrale Konfliktzonen etwa in der Finanz- und Migrationspolitik konstitutionalisiert, justizialisiert, moralisiert oder suprastaatlichen Instanzen überantwortet werden, so hat dies zwar kein unmittelbar augenfälliges parlamentarisches »Machtvakuum« wie in der späten Weimarer Republik zur Folge. Doch handeln wir uns im Zeichen dieses Arrangements ein handfestes *demokratisches* Legitimitätsproblem ein. Die fortschreitende Konstitutionalisierung und Justizialisierung demokratischer Politik bringt nämlich, wie Philip Manow argumentiert hat, ihre eigenen Widersacher in Gestalt populistischer Bewegungen nahezu zwangsläufig hervor.[22] Wir sollten das elementare Spannungsverhältnis zwischen demokratischer Legitimität und einem normativen Universalismus, das die Weimarer Republik in dieser Form nicht kannte, weder in die eine noch in die andere Richtung einseitig auflösen. Wir sollten es vielmehr neu austarieren.

Vernunftrepublikanische Erwartungsstrukturen. Die Republik verstand sich als ein Projekt aufgeklärter Vernunft. Als Sozialdemokraten, politische Katholiken, bürgerliche Liberale oder protestantische Konservative entstammten ihre Anhänger sehr unterschiedlich geformten, »versäulten« Sozialmilieus. Der 1919 von Friedrich Meinecke in Umlauf gebrachte, wenig präzise Begriff des »Vernunftrepublikaners« verdeckt, wie unterschiedlich

22 Philip Manow, *Unter Beobachtung. Die Bestimmung der liberalen Demokratie und ihrer Freunde*. Berlin: Suhrkamp 2024.

die Bekenntnisse zur Republik tatsächlich ausfallen konnten:[23] Von den einen *pragmatisch* hingenommen im Sinne eines *fait accompli*, mit dem man sich irgendwie zu arrangieren habe, erfuhr die Republik von anderen eine *funktionale* Begründung in der Annahme, sie sei am ehesten geeignet, zum Beispiel der als »zerrissen« empfundenen Gesellschaft so etwas wie »Einheit«, eine Art republikanische Volksgemeinschaft, zu stiften, den Klassenkampf wahlweise stillzustellen oder ihn – in sozialdemokratischer Deutung – in geordnete Bahnen zu lenken. Wieder andere, etwa der Theologe Ernst Troeltsch oder der Historiker Franz Schnabel, betrachteten die Legitimität der Republik als *historisch* folgerichtiges Resultat langfristiger, im Licht einer aufgeklärten Vernunft gedeuteter geschichtlicher Entwicklungstendenzen.

Nur eine schmale Minderheit von Intellektuellen suchte die neue Demokratie vorwiegend naturrechtlich (wie der Philosoph Ernst Cassirer) beziehungsweise *universalistisch* als die adäquate politische Form zur Verwirklichung von Freiheit (wie der Staatsrechtler Hans Kelsen) zu begründen. Innerhalb dieses vielstimmigen vernunftrepublikanischen Diskurses überwog bei Weitem das funktionale Kalkül einer instrumentellen Vernunft, die darauf setzte, im Rahmen der neuen Staatsform ließen sich die je eigenen Erwartungen und Interessen am besten realisieren – seien es steigende Löhne, der Schutz des Mittelstands oder der Erhalt der Bekenntnisschule. Dieser Mehrheit unter den Vernunftrepublikanern galt die Republik nur so lange als legitim und schützenswert, wie sie die erhofften Leistungen auch tatsächlich erbrachte. Auch insofern erwies sich das vernunftrepublikanische Lager als breiter, aber auch in sich diverser, ja kontroverser als lange angenommen.

Für den demokratischen Diskurs der Weimarer Jahre ergab sich damit ein dreifaches Dilemma. Erstens konnte das vernunftrepublikanische Lager den zentrifugalen Tendenzen, die die schweren ökonomischen Verwerfungen von Hyperinflation und Weltwirtschaftskrise auslösten, nicht standhalten. Es konnte dies umso weniger, als der gemeinsame Rekurs auf die Republik von Anfang an sehr unterschiedlich motiviert war und die ständige Beschwörung einer »Einheit«, die der idealistisch überhöhte republikanische Staat zu gewährleisten habe, mangels Einsicht in den legitimen Pluralismus divergierender Interessen ebenso steril wie hilflos wirken musste.

23 Zum Folgenden vgl. die Beiträge in Andreas Wirsching / Jürgen Eder (Hrsg.), *Vernunftrepublikanismus in der Weimarer Republik. Politik, Kultur, Wissenschaft.* Stuttgart: Steiner 2008; Thomas Meyer, *Kulturphilosophie in gefährlicher Zeit. Zum Werk Ernst Cassirers.* Münster: LIT 2007; Jens Hacke, *Existenzkrise der Demokratie. Zur politischen Theorie des Liberalismus in der Zwischenkriegszeit.* Berlin: Suhrkamp 2018.

Zweitens wurde gerade jene starke Fraktion, die ihr Bekenntnis zur Republik *funktional* an deren manifeste Leistungen knüpfte, angesichts der überaus engen materiellen Verteilungsspielräume der Weimarer Politik geradezu zwangsläufig frustriert und dementsprechend dezimiert, wie sich an den Wahlergebnissen zu den acht Reichstagswahlen zwischen 1919 und 1932 gut ablesen lässt. Drittens scheiterte der Vernunftrepublikanismus aber vor allem an den manifesten Erwartungsstrukturen, die den republikanischen Diskursen eingeschrieben waren.[24] Zwar verzichteten die Vernunftrepublikaner – anders als ihre Gegner – weitgehend auf jene utopischen Projektionen, die im Stil der extremen Erlösungsideologien der Zeit die Wirklichkeit kategorisch transzendierten. Doch begegneten auch sie der jungen Demokratie nur allzu gerne mit hochgespannten Erwartungen etwa von gesellschaftlichem Zusammenhalt (»Volksgemeinschaft«), demokratischer Teilhabe (»Wirtschaftsdemokratie«) oder sozialer Gerechtigkeit (»Verwirklichung des Sozialismus«).

Die Notwendigkeit, in den von extremem Mangel gezeichneten Zwischenkriegsjahren unter massivem äußeren Druck mithilfe von Notverordnungen harte Entscheidungen zu treffen und damit entsprechende gesellschaftliche Konflikte zu provozieren, stand solchen harmonistischen, im Grunde unpolitischen Erwartungsstrukturen diametral entgegen. Demokratische Politik sollte in der damaligen Lesart indessen sehr viel mehr zu bieten haben als das bloße pragmatische Abarbeiten manifester Probleme. Wer die Weimarer Demokratie mit Ursula Büttner als »überforderte Republik« kennzeichnet, trifft somit gleich in doppelter Weise einen wichtigen Punkt:[25] überfordert nicht nur von den zahlreichen Erblasten von Kaiserreich und Weltkrieg sowie den schwierigen weltwirtschaftlichen Rahmenbedingungen, sondern auch von überzogenem Anspruchsdenken seitens der Bürgerinnen und Bürger.

Demokratische Politik, so könnte diese Weimarer Lektion lauten, ist auf kluges Erwartungsmanagement, das in der permanenten Abwägung zwischen dem aktivierenden und dem Enttäuschungspotenzial politischer Zukunftsprojektionen liegt, in besonderer Weise angewiesen. So könnte sich vor dem Hintergrund der Weimarer Erfahrung der hehre Imperativ des »gesellschaftlichen Zusammenhalts«, der damals unter dem Stichwort »Einheit« verhandelt wurde, als illiberaler Bumerang erweisen, wenn manifeste

24 Thomas Mergel, *High Expectations – Deep Disappointment. Structures of the Public Perception of Politics in the Weimar Republic*. In: Kathleen Canning u.a., (Hrsg.), *Weimar Publics/Weimar Subjects. Rethinking the Political Culture of Germany in the 1920s*. New York: Berghahn Books 2010.

25 Ursula Büttner, *Weimar. Die überforderte Republik*. Stuttgart: Klett-Cotta 2008.

politische Konflikte etwa über den Umgang mit illegaler Migration oder mit Putins Krieg vorschnell als »Polarisierungen« missdeutet und diskreditiert werden.

Semantiken der Krise. »Alles ist in die Krise gekommen, die weder übersehbar noch aus einem Grunde zu begreifen und wieder gut zu machen, sondern als unser Schicksal zu ergreifen, zu ertragen und zu überwinden ist«, notierte 1931 Karl Jaspers in *Die geistige Situation der Zeit*, der Weimarer Krisenschrift par excellence. Im Sinne einer epochalen Erfahrungsstruktur der Moderne erlebte der Begriff der »Krise« in der Weimarer Republik eine beispiellose Konjunktur: Für die Jahre 1918 bis 1933 wurden über 370 selbständige Schriften gezählt, die den Begriff »Krise« oder »Krisis« allein schon im Titel tragen.[26] Eine riesige zeitdiagnostische Literatur kreiste um nichts anderes als um die »Krisis« des Staates, des Parlamentarismus, der Ökonomie, des Kapitalismus, der Kultur, des Glaubens, des deutschen Geistes usw. Dabei umfasste der Weimarer Krisen-Diskurs ein breites politisch-weltanschauliches Spektrum an Positionen, die vom Radikalnationalismus des »Tat«-Kreises bis zu den Autoren der *Roten Fahne* reichten und entsprechend divergierende Krisen-Diagnosen entwickelten. Wer von »Krise« sprach, hatte ein entsprechendes Publikum im Sinn: Der Terminus »Krise« – deutsch: »Zeitenwende« – erweist sich als kommunikativer Begriff, der die politische Vergemeinschaftung derer befördert, die eine spezifische Diagnose und insbesondere einen ebenso spezifischen Erwartungshorizont teilen und deshalb auf Veränderung drängen.

Krisen sind somit »Konstruktionen ihrer Beobachter« (Gerhard Schulze). Für die Weimarer Zeit kann der Begriff als ein Wahrnehmungs- und Reflexionsmodus verstanden werden, in dem höchst disparate Bedeutungsgehalte, Problemerfahrungen und Zeitdiagnosen synthetisiert, temporalisiert und narrativiert werden.[27] Der Erfahrung einer als pathologisch erlebten und als offen gedeuteten Gegenwart entspricht die Erwartung von deren baldiger Überwindung, die wiederum einer Entscheidung bedarf. Dabei galt: Je radikaler der imaginierte Entwurf einer besseren Zukunft, umso düsterer musste die zu überwindende Gegenwart als »Krise« dramatisiert werden. *Not wie noch nie – Ansprüche wie noch nie*, lautete die ironische Überschrift eines Essays in der Berliner Abendzeitung *Tempo* aus dem November 1931.

26 Moritz Föllmer / Rüdiger Graf / Per Leo, *Die Kultur der Krise in der Weimarer Republik*. In: Föllmer / Graf (Hrsg.), *Die »Krise« der Weimarer Republik. Zur Kritik eines Deutungsmusters*. Frankfurt: Campus 2005.

27 Vgl. Armin Steil, *Krisen-Semantik. Wissenssoziologische Untersuchungen zu einem Topos moderner Zeiterfahrung*. Opladen: Leske & Budrich 1993.

Viele der Weimarer Krisen-Diskurse neigten dazu, die von der Krise geforderte »Entscheidung« und »Überwindung« disruptiv im Sinne des »Umschlags« von einem Zustand zugespitzten Leidens in eine strukturell neue, die Gegenwart entschieden transzendierende Wunschwirklichkeit zu interpretieren. Diese dezisionistische und eschatologische Aufladung, die mit einer im Krisen-Begriff angelegten Affekttransformation von Angst zu Hoffnung zu tun hat, dürfte wesentlich dazu beigetragen haben, dass die Weimarer Krisen-Narrative jenen auf Ausgleich, Deliberation und Reform bedachten liberalen Kräften, die ihrerseits oft und gerne von »Krise« sprachen, nach und nach entgleiten mussten. Vor dem Hintergrund eines radikalen Kontingenzbewusstseins waren es nämlich gerade nicht Demokraten und Liberale, sondern die extremen Kräfte, die in ihrem Bestreben, Kontingenz autoritär stillzustellen, einen für den Weimarer Krisen-Diskurs insgesamt charakteristischen Gestaltungsoptimismus an den Tag legten.[28] Die politische Dividende dieser semantischen Strategien konnten, wie es scheint, am Ende jedenfalls die Nationalsozialisten für sich verbuchen.

Die Schlussfolgerung könnte lauten: Wer von »Krise« spricht, liefert keine Beschreibung, sondern unternimmt eine strategische Dramatisierung (und damit Veränderung) der Lage in bestimmter Absicht. Dies gilt auch für die gegenwärtige Hochkonjunktur von Krisen-Diagnosen. Sie unterscheiden sich von den Weimarer Krisen-Diskursen zumindest dadurch, dass ihnen das existenzialistische Pathos sowie der gestaltungsoptimistische Grundzug der Weimarer Zeit weitgehend abgehen. Sein motivierendes Momentum und seine aktivistischen Konnotationen hat allerdings auch der gegenwärtige Krisen-Begriff nicht abgestreift. Ähnlich wie in der späten Weimarer Republik lautet daher die entscheidende Frage, auf wessen Mühlen der immer breiter und kräftiger werdende Strom des allgemeinen Krisen-Geredes geleitet wird. Insofern gebietet die Weimarer Erfahrung einen sparsameren, bedachteren Umgang mit einem Begriff von Krise, der zumindest in der Lage sein sollte, die Kriterien seiner Geltung und den Horizont seiner Erwartungen offenzulegen.

Topos Weimar

Die Weimarer Republik ist zu einem »Ort der Demokratiegeschichte« avanciert, in dem die spezifischen Leistungen der Republik *als Demokratie* unter Bezug auf eine mittlerweile reiche Forschung mit Nachdruck gewürdigt

28 Vgl. Michael Makropoulos, *Modernität und Kontingenz*. München: Fink 1997; in zu defensiver Deutung Michael G. Festl, *Scheitern an Kontingenz. Politisches Denken in der Weimarer Republik*. Frankfurt: Campus 2019.

werden.[29] Diese Würdigung kann jedoch nicht dabei stehenbleiben, im Sinne einer monumentalischen Demokratiegeschichtsschreibung einen erbaulichen positiven Traditionszusammenhang »Weimar – Bonn – Berlin« zu konstruieren.[30] Vielmehr geht es darum, Weimar als einen *Topos* wiederzuentdecken, der im Blick auf gegenwärtige Problemlagen kritisch befragbar bleibt. Was es bedeutet, wenn Gewalt-Diskurse nicht unterbrochen werden und das Parlament seine Funktion als »Organ zur Erzeugung der staatlichen Ordnung« (Hans Kelsen) verliert, wenn Erwartungsstrukturen das politische System systematisch überfordern oder überschießende Krisen-Semantiken disruptive Lösungen befördern – all dies und manches andere können wir noch immer am Weimarer Beispiel studieren.

Man kann einwenden, dass die hier vorgeschlagenen »Lehren aus Weimar« auch ohne den historischen Rekurs bekannt seien. Das mag sein. Doch legen sie, ob mit oder ohne Weimar, bestimmte Handlungsoptionen nahe, die im nach wie vor offenen politischen Raum umkämpft sind und daher der Plausibilisierung bedürfen. Insofern sind die Erfahrungsmodelle und markanten Exempla, die Weimar als Topos im zeithistorisch gesicherten Rückblick bereithält, umso wertvoller. Weder die Lektionen selbst noch die daraus folgenden Handlungsempfehlungen stehen in einem forschungslogischen Ableitungszusammenhang. Hier lässt sich nichts »beweisen« – was übrigens ganz generell auch für die historische Forschung im engeren Sinne gilt: Hier wie dort geht es um Evidenzen und Plausibilitäten. Anders als der autoritäre lebt der demokratische Diskurs im Wesentlichen von solchen Plausibilitäten, von nicht mehr, aber auch nicht weniger. Wir sollten ihr Potenzial nutzen.

29 Vgl. zuletzt Alexander Gallus / Ernst Piper (Hrsg.), *Die Weimarer Republik als Ort der Demokratiegeschichte. Eine kritische Bestandsaufnahme.* Bonn: Bundeszentrale für politische Bildung 2023.

30 Zur Kritik daran vgl. Manfred Hettling, *Nutzen und Nachteil monumentalischer Demokratiegeschichte.* In: *Merkur*, Nr. 893, Oktober 2023.

Timon Beyes

Soziale Farbe (II)

Farbe an der Arbeit

I

Zu Beginn des 19. Jahrhunderts entwickelte sich eine kleine schottische Industriesiedlung, zwischen Edinburgh und Glasgow gelegen, zu einem Wallfahrtsort für europäische Industrielle. In New Lanark gab es ein Sozialexperiment zu besichtigen, das heute zum UNESCO-Weltkulturerbe gehört. Unter der Leitung des Sozialreformers und späteren Frühsozialisten Robert Owen wurde in den Mühlen, Produktionshallen und Arbeiterwohnungen der Baumwollspinnerei ein anderes Arbeitsleben erprobt, das einen Ausweg aus den Zuständen industrieller Ausbeutung und den Lebensbedingungen der Arbeiterfamilien bedeuten sollte. Dies beinhaltete unter anderem kürzere Arbeitszeiten, die bis auf acht Stunden pro Tag gesenkt wurden, ein Verbot von Kinderarbeit unter zehn Jahren, eine Infrastruktur medizinischer Versorgung, einen billigen Dorfladen und nicht zuletzt Bildungsmaßnahmen.

Die Produktion selbst war durch neue Verfahren der Standardisierung, Überwachung und Kontrolle gekennzeichnet. Dabei stach ein Apparat hervor, der offenbar von Owen erfunden wurde: der *Silent Monitor*, intern auch »telegraph« genannt. Das stille Kontrollgerät – »monitor« kommt aus dem Lateinischen und bezeichnete eine Aufseherin oder einen Ermahner – kommunizierte durch Farbe, ohne Worte. Telegrafisch ermöglichte es ein vor-elektronisches Schreiben – oder vielmehr ein atmosphärisches Färben, aus der Ferne. Die stummen Monitore waren kleine Holzblöcke, gut 5 Zentimeter lang und 2,5 Zentimeter breit, die über den etwa 2500 Arbeitsplätzen aufgehängt waren (und die heute als ironisches Accessoire für den Arbeitsplatz oder das Homeoffice in New Lanarks Geschenkeladen erworben werden können). Jede der vier Seiten des Apparats war in einer Farbe gestrichen: weiß, gelb, blau und schwarz. Die Farben sollte nicht allein Produktivität, sondern Verhalten markieren: Schwarz stand für übermäßige Ungezogenheit (»exceeding naughtiness«), blau für neutrales Benehmen (»a neutral state of morals«), gelb für mäßige Güte oder Tugend (»moderate goodness«) und weiß für exzellentes Betragen (»excellence in conduct«). Von den Aufsehern wurden die Blöcke täglich entsprechend dem Verhalten jedes Arbeiters am Vortag angeordnet und die Ergebnisse in die »Books of Character«, die Charakter- oder Eigenschaftsbücher, eingetragen, die für jede Abteilung vorlagen.

Mit dem Einsatz von Farben, so Owens Annahme, ließ sich Arbeitsbenehmen kontrollieren und Charakter formen, ohne dass Worte von Vorgesetzten vonnöten wären (und ohne Prügelstrafe, die ebenfalls abgeschafft wurde). Nicht einmal seine Präsenz sei noch nötig gewesen, behauptete er; diese Arbeit hätten Apparatur und Farbschema übernommen. Bei einem Besuch im Jahr 1823 staunte der französische Journalist Marc-Antoine Jullien, dass die meisten Monitore gelb und weiß waren und dass es »in diesen Fabrikräumen, in denen so viele Menschen versammelt waren, so wenige Beschwerden gab und disziplinarische Aufsicht so lax gehandhabt wurde«.[1] Die bloße Präsenz des hölzernen Apparats und seine Farbgebung reichten aus, so scheint es. Die Aufsichtsdisziplin konnte lax sein, weil die Arbeitsdisziplin verinnerlicht und Alltagsverhalten geworden war. Apparatur und Medium der Farbe regierten und regulierten die arbeitenden Körper. Und aus New Lanark lässt sich der Bogen schlagen hin zu bunten, vermeintlich kreativitätsfördernden Arbeitsräumen der Gegenwart und den chromatischen Versprechungen, für Leistungskontrolle und produktive Stimmung am Arbeitsplatz zu sorgen.

II

Aufgrund seiner späteren genossenschaftlichen und kommunalen Experimente gilt Owen gleichermaßen als utopischer Sozialist wie auch als Pionier des Personalmanagements und der betriebswirtschaftlichen Menschenführung. (Vielleicht sollte dieser Zusammenhang mit Blick auf Lenins hundert Jahre später dokumentierte Verehrung des *scientific management* nicht verwundern.) Unter seiner Ägide entstanden Praktiken und Technologien der Überwachung, Motivation und Zusammenarbeit, die heute ebenso selbstverständlich sind wie die Abhängigkeit dieser Praktiken und Technologien von Farbschemata. Wiedergänger des Silent Monitor und seiner Idee der farbcodierten Erhebung und Übermittlung von Leistungs- und Kontrolldaten finden sich in unterschiedlichen Spielarten von Arbeitsablaufdiagrammen, Leistungsmesssystemen und *scorecards*, bei denen anstelle von schwarz-blau-gelb-weiß eher die Ampelfarben rot, gelb und grün präferiert werden, um den Status von Zielerreichung und Leistung zu signalisieren. Ob in Verbindung mit Holzklötzen, Papierkarten oder softwarebasierten Ordnungssystemen, Farbe wird hier zu einer alltäglichen Ordnungstechnologie der Identifizierung, Differenzierung, Kontrolle und Kommunikation.

Aus Sicht einer Farbsemiotik kann das nicht überraschen. Die Farbe ist ein herausragendes Kommunikationsmittel, eine vielleicht konkurrenzlose

1 Zit. n. Ophélie Siméon, *Robert Owen and the Owenites: Abolitionist Ideas in the Early British Socialist Movement*. In: David Gordon Scott / Emma Bell (Hrsg.), *Envisioning Abolition*. Bristol University Press 2025 (Übersetzungen jeweils TB).

semiotische Ressource in Form von an Farbtöne gekoppelte Zeichen, die kontinuierlich spezifische Bedeutungen übertragen. Owen war in diesem Sinne ein Pionier der semiotischen Managementpraxis, bestimmte Farbtöne einzusetzen, um klare Botschaften zu vermitteln, ohne dass die Managerin, wenn wir Owen glauben, auch nur den Mund aufmachen oder gar präsent sein müsste. Die kleinen Holzklötze vereinten semiotisch gesprochen die ideelle und die zwischenmenschliche Funktion der Farbe: Sie kommunizierten spezifische Ideen, indem sie die Arbeiter in vermeintlich kohärente Kategorien von ungezogen bis exzellent einteilten; und sie übernahmen eine zwischenmenschliche Signalwirkung in Form ihrer Anrufungen von Mahnung, Ermutigung und Lob.[2]

Die mediale Fähigkeit der Farbe, als semiotisches Zeichen zu fungieren und bestimmte Botschaften zuverlässig zu übermitteln, ist so alltäglich, elementar und allgegenwärtig, dass sie meist als selbstverständlich angesehen wird. Sie kommt natürlich nicht nur in organisatorischen Praktiken der Messung, Kontrolle und Kommunikation von Verhalten und Leistung oder als Warnsystem zur Vermeidung von Unfällen zum Einsatz. Sie hilft den menschlichen Körpern, sich in allen Lebensbereichen durch öffentliche, berufliche und private Räume zu bewegen. Beim Überqueren der Straße fällt einem selten die Farbe der Ampel oder das Rot eines Stoppschilds auf; in Bürogebäuden wird das Grün der Notausgangsschilder üblicherweise unbewusst registriert. Tatsächlich organisieren Farben das Leben so offensichtlich und gewohnheitsmäßig, dass es seltsam überflüssig erscheint, über diese Tatsache zu schreiben. Die Farbe scheint hier der Funktion zu folgen und darin aufzugehen. Als ästhetisches Medium des Sozialen ist sie eingebettet in zweckmäßige Rationalität und Funktionalität, so dass sie getrost den farblosen Formen und Imperativen des rationalen und funktionalistischen Denkens untergeordnet werden kann.

III

Dies gilt jedoch nur, wenn Farbe allein als Zeichen behandelt wird, als Mittel eingeschliffener symbolischer Ordnung und als stabiles, leicht zu entschlüsselndes Bezugssystem. Owen selbst sah das bereits zu Beginn des 19. Jahrhunderts etwas anders. (Zur selben Zeit arbeitete Goethe an seiner berühmten Farbenlehre, deren Grundannahme umgekehrt war: Nicht Form erklärt und determiniert Farbe, sondern Farbe ermöglicht Form.) »Niemals vielleicht in der Geschichte der Menschheit hat ein so einfaches Gerät in so kurzer Zeit

2 Theo van Leeuwen, *The Language of Colour. An Introduction*. London: Routledge 2011.

so viel Ordnung, Tugend, Güte und Glück aus so viel Unwissenheit, Irrtum und Elend hervorgebracht«, schrieb Owen unbescheiden.

Weit über ihre Zeichenhaftigkeit hinaus liegt die Funktion der Farbe in ihrer oftmals vorbewussten Kraft, auf Stimmungen einzuwirken, menschliche Körper in gewünschtem Sinne zu affizieren und genau dadurch Verhaltensweisen zu formen. Im Gegensatz zu der düsteren Sicht der menschlichen Natur, die von Theoretikern des Gesellschaftsvertrags wie Thomas Hobbes vertreten wurde, hielt Owen den Menschen für verbesserungsfähig. Der menschliche Charakter sei nicht individuell gegeben, sondern durch äußere Umstände geformt; Affekte stünden nicht unter der Kontrolle des Einzelnen. Durch die gewissenhafte und konsequente Anwendung positiver Rückkopplungssysteme könnten Individuen zu vernünftigen, guten und glücklichen Menschen geformt werden. Owen ging es also darum, von ihm als »äußere Gewohnheiten« bezeichnete Untugenden wie Trunkenheit und Zügellosigkeit, Verwahrlosung und Diebstahl in Richtung »innerer Gewohnheiten« der Mäßigung und Nüchternheit, der Sauberkeit und des Fleißes zu wandeln und ein Gefühl für Sorgfalt, Disziplin und Güte zu wecken.[3]

Nur wenn man die »Technik der Sinne« – wie die Apparatur der Owenschen Holzblöcke und Charakterbücher und ihr Medium der Farbe – berücksichtige, könne man verstehen, wie »die Arbeiter in einem Fabriksaal, die Studenten in einem Auditorium, die Soldaten in einer Abteilung sich irgendwie als Einheit fühlen«, so Georg Simmel 1907 in seiner *Soziologie der Sinne*. Die Funktion des stummen Monitors als Instrument der Leistungsmessung war ein maschineller Trick zur Charakterformung. Die Einfärbung des alltäglichen Verhaltens am Arbeitsplatz sollte die Gewohnheiten und Veranlagungen der Arbeiter verändern. In diesem Sinne stellten Owens Telegrafen ein atmosphärisches Trainingssystem dar: Das Schwarz der exzessiven Ungezogenheit war sowohl semiotisches Zeichen als auch affektives Relais. Reduziert man Farben auf ihre stabilisierten semiotischen Bedeutungen, verkennt man ihre unheimliche atmosphärische Kraft, menschliche Körper zu berühren und zu aktivieren, bevor und unabhängig davon, ob sie ihre Wirkung bewusst wahrnehmen oder darüber nachdenken. In affekttheoretischem Vokabular fungieren sie gleichermaßen als »subjektives Positionierungsgerät« (das das tägliche Verhalten anzeigt) und als »dispositioneller Auslösemechanismus« (der versucht, verkörperte Gewohnheiten zu modulieren und zu verändern). In ihrer räumlichen Energie, so Gilles Deleuze in seiner Auseinandersetzung

3 Robert Owen, *The Life of Robert Owen, Written by Himself*. London: Effingham Wilson 1858.

mit Goethes Farbenlehre, ist Farbe die eigentliche affektive Kraft, deren kaum fassbare Dynamik sich nicht auf den Sehsinn beschränken lässt.[4] In dieser Lesart mögen Farbtöne alles Mögliche repräsentieren und kommunizieren, ihre primäre, das Soziale prägende Macht liegt in der Konstitution von atmosphärisch, sinnlich gestimmten Räumen, in denen menschliches Erleben immer schon farblich moduliert ist.

IV

Nun wird man derartige Erwägungen oder gar Stimmungen in Organisations-, Arbeits- und Managementforschung kaum finden – schon eine Simmelsche Aufmerksamkeit für die sinnliche Beschaffenheit des Sozialen ist hier traditionell eine Randnotiz, vom atmosphärischen Medium der Farbe ganz zu schweigen. Das ist auch insofern aufschlussreich, als es eine empirische Leerstelle bezeichnet, sind doch die Sphäre der Organisations-, Arbeits- und Managementpraxis sowie ihre Alltagstheorien der Farbe durchaus zugeneigt. Hier existieren mannigfaltige Behauptungen zu Farbe als Technik der Sinne und eine Vielfalt von räumlichen Versuchsanordnungen eines chromatischen Stimmungsmanagements. Die Wirtschaftshistorikerin Regina Lee Blaszczyk hat das mit Blick auf den nordamerikanischen Kontext des 20. Jahrhunderts nachgezeichnet und als »Farbrevolution« bezeichnet, die Konsumkultur *und* Managerialismus geprägt habe.[5] Leider verbleibt die Studie eher unhistorisch im exzeptionalistischen Gestus eines heroischen US-Unternehmertums, das all das erfunden habe. Was indes eindrücklich geschildert und bebildert wird, ist der weitreichende Einsatz von Funktionsfarben, um ohne Worte zu kommunizieren und Stimmungen und Verhaltensweisen in den Innenräumen (und Außenbereichen) von Fabriken, Büros, Schulen, Universitäten, Sportzentren, Krankenhäusern und Kasernen zu modulieren und zu steuern.

Hier tun sich ein großes Gestaltungs- und ein profitables Geschäftsfeld auf: Die Vermarktung von Farben für die Arbeitswelt ist elementarer Bestandteil der Farbindustrie.[6] Wenn Farbe, wie im aufschlussreichen Handbuch *Farbe – Kommunikation im Raum* einleitend skizziert wird, gleichzeitig symbolisch

4 Die Begriffe entstammen Brian Massumis Aufsatz *Fear (The Spectrum Said).* In: *Positions*, Nr. 13/1, 2005. Zu Deleuze' Verknüpfung von Goethes Farbenlehre mit Affektdenken vgl. z.B. *Francis Bacon. Logik der Sensation*. München: Fink 2016.

5 Regina Lee Blaszczyk, *The Color Revolution*. Cambridge/Mass.: MIT Press 2012.

6 Vgl. Timon Beyes, *Soziale Farbe (I). Mocha Mousse, die Unordnung der Farbe und die Ordnung des Sozialen*. In: *Merkur*, Nr. 912, Mai 2025; ders., *Organizing Color. Toward a Chromatics of the Social* (Stanford University Press 2024), auf das sich der vorliegende Text bezieht.

als Übermittlerin spezifischer Bedeutungen operiert und atmosphärische Stimmung transportiert oder herstellt, dann stellt sich zwangsläufig die Frage nach Konzepten und Kombinationen, mit denen – in den Worten des Handbuchs – unterschiedliche »Nutzergruppen« adressiert und moduliert werden können, und zwar, wie die Herausgeber gleich zu Beginn des Leitfadens betonen, jenseits bloßer Farbmoden und -trends. Im »Gestaltungsfeld« der »Arbeitsstätten«, um bei der Figur des stummen Monitors zu bleiben, ist es primär die atmosphärische Kraft der Farbe, die Belastungen am Arbeitsplatz abmildern oder kompensieren soll und arbeitende Körper sinnlich justiert. Tabellarisch aufgelistet werden kleine synästhetische Zauberformeln, mit denen qua Farbgestaltung unterschiedliche Sinneswahrnehmungen verstärkt oder ausgeglichen werden. So verlange Monotonie nach Lebhaftigkeit in der Farbgestaltung, anstrengende Bewegungen verlangen nach beruhigenden Farben. Modrigen Gerüchen begegne man mit klarem Hellblau, Röstgeruch mit frischem Grün. Dumpfe Geräusche könnten durch ein frisches Grüngelb kompensiert werden, schrille hingegen durch den Einsatz von Oliv oder Blau. Den Tastsinn betreffender Feuchtigkeit könne mit Sandgelb begegnet werden, der Trockenheit hingegen mit Blaugrün.[7]

V

Wie verlässlich und steuerbar sind solche Zauberformeln? Während affekttheoretische Zugänge die schier überwältigende und kaum fass- und kontrollierbare Kraft der Farbe in den Mittelpunkt stellen und von banalen, instrumentellen Zurichtungen nichts wissen wollen oder diese für kaum umsetzbar halten, gibt es im (in sich enorm heterogenen) Feld von Branding, Innendesign und Selbsthilferatgebern erwartungsgemäß keine Skrupel. Hier wird die Wahl spezifischer Farbtöne mit allerlei sinnlichen Bedeutungen und Wirkungen verknüpft. Nun lässt sich aus Handbüchern, Ratgebern und Leitfäden kaum eine ernsthafte empirische Untermauerung dieser Thesen ziehen, ihr teils spekulativer Charakter, aber auch ihre Erwartbarkeit (und die schicken Farben in Büchern und auf Bildschirmen) dürften vielmehr ihren Erfolg erklären.

Allerdings fallen Forschungsergebnisse zu den psychologischen Wirkungen der Stimmungssteuerung durch Farben am Arbeitsplatz eher ernüchternd aus. Zumindest fällt auf, dass es chromatische Vielfalt, aber keinen Konsens gibt. Wenn überhaupt, dann sind die Ergebnisse dieser Art von

7 Gerhard Meerwein / Bettina Rodeck / Frank H. Mahnke, *Farbe. Kommunikation im Raum.* Basel: Birkhäuser 2007.

Untersuchungen robust in Bezug auf die Bestätigung von Commonsense-Annahmen. Etwa: Ein beruhigendes Ambiente verlangt gedämpfte Farben und subtile Farbunterschiede; ein anregendes Ambiente hingegen Helligkeit und Kontraste. Doch selbst solche vermeintlich offensichtlichen Ergebnisse scheinen sich einer Verallgemeinerung zu widersetzen. Unstrittig beziehungsweise Annahme ist, dass die Farbe am Arbeitsplatz einen erheblichen Einfluss auf die Stimmung, das Wohlbefinden und die Leistung hat. In diesem Sinne sind die Ergebnisse konsistent. Ansonsten sind sie widersprüchlich. So stellen einige Studien fest, dass bestimmte Farbtöne und Kontraste die Produktivität erhöhen oder verringern, während andere Untersuchungen keine Wirkung feststellen können und zu dem Schluss kommen, dass die Messung des Einflusses von Farben auf Arbeitsprozesse zu kompliziert sein könnte.[8] Manche Studien berichten von negativen Auswirkungen kühler Farben auf die Kreativität am Arbeitsplatz, andere wiederum von positiven Effekten, eine Studie kann keinen Zusammenhang zwischen Farbe und Kreativität feststellen. Arbeitnehmerinnen und Arbeitnehmer scheinen weiße Umgebungen zu bevorzugen, wobei diese auch als langweilig und trist beschrieben werden und offenbar die meisten Fehler provozieren. Menschen in verschiedenen Regionen unterscheiden sich in ihren Vorlieben. Rot kann anregend sein, Rot kann ablenkend wirken. Und so weiter: Als Ausblick bleibt dabei stets, dass weitere Forschung vonnöten ist. Auch in den hochgradig organisierten Kontexten von Arbeitsräumen ist Farbe genauso primäre Ordnungskraft, wie sich ihre situationsspezifische Widerspenstigkeit als relationales und affektives Medium der Erfassung in funktionalistischen Schemata und Gestaltungsanweisungen entzieht.

VI

Die Widersprüchlichkeit farbpsychologischer Befunde sowie die Leitfäden und Ratgeber zur Innenraumgestaltung behandeln zwangsläufig auch die Standardfarbe am Arbeitsplatz: weißgestrichene Wände, in weißlichen Tönen gehaltene Möbel. Wie der Architekturtheoretiker Mark Wigley in einem faszinierenden Buch über *The Fashioning of Modern Architecture* gezeigt hat, ist die weißgetünchte Wand die disziplinierte und disziplinierende Oberfläche par excellence, ein veritables Organisationsprinzip des modernen Lebens. Weiß, schreibt Wigley in einer jüngeren Aktualisierung seiner Thesen, »ist

8 Vgl. z.B. Iris Bakker u.a., *Red or Blue Meeting Rooms: Does It Matter? The Impact of Colour on Perceived Productivity, Social Cohesion and Wellbeing*. In: *Facilities*, Nr. 31/1–2, 2013.

sowohl der Effekt als auch das Mittel der ›Reinigung‹ von Gebäuden, Körpern, Augen, Gehirnen und der Gesellschaft, um ›reine‹, ›saubere‹, ›klare‹, ›nackte‹, ›ordentliche‹, ›scharfe‹, ›einfache‹, ›exakte‹, ›wesentliche‹, ›sparsame‹, ›gesunde‹ Menschen, Formen und Gedanken hervorzubringen«.[9] In Owens Farbcodierung des Silent Monitor stand Weiß folgerichtig für exzellentes Betragen, und in der Bildungseinrichtung von New Lanark trugen die Kinder weiße Kittel (die alle drei Tage gemeinsam gewaschen wurden). Das verweist natürlich auf die Vorstellung und Fantasie von Weiß als sauber, gesund, nüchtern und diszipliniert – und reproduziert diese. Im Großbritannien des 19. Jahrhunderts, so erzählt man sich, wurde sogar die Kohle für den Antrieb des königlichen Zuges zeitweise gekalkt, um eine makellose Fassade aufrechtzuerhalten und die Mitglieder der Königsfamilie und ihre Gäste nicht vor den Kopf zu stoßen.

Für Wigley ist die »chronic whiteness« und der Glaube an das »obligatorische Weiße« zur unbewussten Standardeinstellung des täglichen Lebens geworden. Es handele sich um einen allgegenwärtigen Code, der selbst nicht mehr wahrgenommen werde, weil Weiß den Status der Nichtfarbe besitze, von der sich die eigentlichen (bunten) Farben abhöben, die aber stets unter der Kontrolle des obligatorischen, dominanten Weißen und des Weißwaschens stünden. Weiß sei die ausgelöschte Farbe oder vermeintliche Nichtfarbe, von der sich der ornamentale Charakter, die Sinnlichkeit, die Vulgarität und die Unordentlichkeit der (anderen) Farben ableiteten und auf deren Basis rassistische, geschlechtsspezifische und klassistische Annahmen von Andersheit, Weiblichkeit, Infantilität, Sexualität und Rausch lebendig würden. Für den Architekturtheoretiker sind es gerade die vermeintliche Neutralität des Weiß und der changierende Status zwischen aufgetragener Farbe und vermeintlicher Nichtfarbe, die es zur machtvollen Ordnungs- und Kontrollsubstanz machen. Historisch oft als eigenständige Farbe wahrgenommen, ist Weiß gleichzeitig eine Nichtfarbe (physikalisch gesehen ist es achromatisch, kein Farbton) und alle Farben (weißes Licht umfasst alle Farbtöne); es handelt sich um die paradoxeste aller Farben.

Wigley räumt ein, dass die große Erzählung über weiße Wände und buchstäbliches *whitewashing* als uneingestandene Kraft der sozialen Kontrolle, Disziplinierung und Überwachung (sowie über die buchstäbliche und metaphorische Übertünchung von Komplexität, Differenz und Schmutz) von

9 Mark Wigley, *White Walls, Designer Dresses. The Fashioning of Modern Architecture*. Cambridge / Mass.: MIT Press 2001. Das Zitat stammt aus Mark Wigley, *Chronic Whiteness*. In: *e-flux* vom November 2020 (e-flux.com/architecture/sick-architecture/360099/chronic-whiteness/).

der flüchtigen Relationalität der Farbe abhängt und von ihr unterminiert wird. Auch dünne weiße Farbschichten sind unbeständig und verändern sich. Ihre Aufrechterhaltung erfordert einen endlosen Kampf, um Schmutz, Flecken und die allgemeine Polychromie des Lebens in Schach zu halten. Auch Weiß interagiert kontinuierlich mit anderen Farben und hängt von ihnen ab, genauso wie von den situativen atmosphärischen Bedingungen der Vielfältigkeit, Mehrdeutigkeit und Instabilität chromatischer Erfahrung sowie von kulturell bedingten Vorstellungen von Neutralität, Reinheit und den damit verbundenen Ängsten vor Ansteckung und Unordnung.

VII

Dienen bunte Farben bloß der Autorität weißer Wände? Was aber, wenn der Arbeitsplatz nicht primär als Raum der Disziplin und Ordnung gedacht ist, sondern als vermeintlich offene und partizipative, fließende und flexible Umgebung, die Zusammenarbeit, ungewöhnliches Denken und Kreativität ermöglichen soll? Nachdem sich ab Mitte des 20. Jahrhunderts in den Büros westlicher Unternehmen kräftigere Farben durchgesetzt hatten – im diesbezüglich wohl bunteren nordamerikanischen Kontext etwa die Hinwendung zu den »meergrünen oder whiskeyfarbenen Glaspaneelen der Vorhangfassaden« und den »pastellfarbenen, babyblauen und lachsfarbenen Türen der Trennwände« –, scheinen Postulate der nichthierarchischen Partizipation und Flexibilität mit einer Farbentfesselung einherzugehen.[10]

Es handelt sich um eine Sprache und Praxis, die ihre Widersprüche offen zur Schau trägt. Das am Institute of Design der Stanford University entwickelte und farbenprächtig gestaltete Handbuch *Make Space – How to Set the Stage for Creative Collaboration* (2012) ist einer Raumgestaltung der kooperativen und statusfreien Kreativität verschrieben. Genau dafür möchte es zeigen, »wie Raum absichtlich manipuliert werden kann, um Kreativität zu entfachen« und »die Kultur und Gewohnheiten einer kreativen Gemeinschaft zu formen«, die Umgebung also »in erster Linie als Mittel zur Verhaltensänderung zu betrachten«. Es ist wie in New Lanark: Farbe wird zum Kernelement der Aktivierung von Körpern, um kollektive Verhaltensweisen und Gewohnheiten zu erzeugen. Neu ist hier allerdings das demokratisch-farbenfrohe Vokabular der hierarchielosen Zusammenarbeit und Beteiligung.[11]

10 Nikil Saval, *Cubed. A Secret History of the Workplace*. New York: Anchor Books 2015.

11 Scott Doorley / Scott Witthoft, *Make Space. How to Set the Stage for Creative Collaboration*. Hoboken: Wiley 2012.

Dafür scheint die semiotische Assoziation bestimmter Farben mit bestimmten Bedeutungen, anhand derer das Arbeitsleben klar und routinemäßig organisiert werden kann, nebensächlich zu sein. Es geht um die atmosphärische Kraft der Farbe zur Modulation von Stimmungen und Einstellungen. Unter den vielfältigen räumlichen »Situationen«, die in *Make Space* zu sehen sind, verweist nur »The White Room« auf die Vorstellung von der strengen Neutralität und Fadheit weißer Wände, ja sogar auf ihr tyrannisches Potenzial: In zu großen Räumen wirke Weiß apokalyptisch. In den anderen Situationen, die in dem Designhandbuch vorgestellt werden, ist Weiß auf dem Rückzug, eine Farbe unter anderen in einem polychromatischen Spektrum, bloß ein Element einer Szenografie wechselnder Oberflächen.

So fühlte sich der Medienwissenschaftler Fred Turner bei einem Besuch des Hauptcampus von Facebook (jetzt Meta) in Menlo Park, Kalifornien, an eine »bunte Stadt« erinnert. Die farbenfrohen Wandmalereien und Plakate, die die Arbeitsräume von Facebook schmückten, gemahnten an die Farben der gegenkulturellen Rebellion, ja sogar an Slogans der demokratischen Revolte, in jedem Fall an die unordentliche Buntheit eines öffentlichen Raums, der in Menlo Park kaum ungehobelte Vielfalt oder soziale Spaltungen beinhalten dürfte.[12] Hier und anderswo setzt das zeitgenössische Bürodesign auf auffallend leuchtende Farben, oftmals ohne sich an vorsichtige Skalen der Verstärkung und Verbesserung zu halten, die bestimmte Stimmungseffekte an bestimmte Farbtöne und Helligkeits- und Sättigungsgrade binden.

Insbesondere die Google Offices standen in den vergangenen Jahren für farbenfrohe Experimente mit Arbeitsräumen, die in Teilen eine Mischung aus Vergnügungspark, Spielplatz und Sportplatz darstellten, um die disziplinäre Ästhetik des veralteten Bürolebens zu überwinden und kollektive Spielräume zu öffnen. Es ist naheliegend, die Einrichtung »gefälschter Plastik-Kindergärten« als zeitgenössische, bunte Variante eines paternalistischen Managementregimes zu verstehen, in der viel von Robert Owen steckt. Das beinhaltet dann auch die Aktualisierung eines zynischen Bewusstseins auf Seiten der zur freudig-unkonventionellen Arbeitsweise Ermunterten, das sich nun in dem Wunsch äußert, zu klareren Grenzen zwischen Arbeit und Nichtarbeit zurückzukehren, deren Wände in unprätentiösem Weiß getüncht sind.[13]

12 Fred Turner, *The Arts at Facebook. An Aesthetic Infrastructure for Surveillance Capitalism*. In: *Poetics*, Nr. 67, 2018.

13 Zum »plastic, fake kindergarten« vgl. Peter Fleming, *Workers' Playtime? Boundaries and Cynicism in a »Culture of Fun« Program*. In: *Journal of Applied Behavioral Science*, Nr. 41/3, 2005.

VIII

Was unvermeidlich bleibt, ist die vielversprechende, indes kaum zu kontrollierende Kraft der Farbe, Arbeitskörper zu aktivieren und zu stimmen. Glaubt man den Ausrufungen von Farbtrends für die Bürogestaltung, sind knallig bunte, vermeintlich auflockernde, Diversität und Kreativität in den Mittelpunkt stellende Innendesigns bereits wieder passé. Studiert man Berichte und Bilder des neuen Google Bay View Campus, so wirkt die Farbgestaltung auffallend zurückhaltend. Die Decke des gigantischen, segeltuchförmigen Dachs ist in hellen und Weißtönen gehalten, vieles scheint an natürliche Farben angelehnt, der groß verkündeten Vision eines nachhaltigen, CO_2-neutralen Gebäudes entsprechend (womit die drängendere ökologische Frage des massiven Energie- und Stromverbrauchs qua exponentieller Rechenleistung elegant übertüncht wird). Das spiegelt sich in Design-Blogs und populären Handreichungen für die Bürogestaltung, die für die postpandemischen Jahre eine Renaissance eher gedeckter, vermeintlich Geborgenheit und Sicherheit versprechender Bürofarben annoncieren. Vielleicht ist die Rückkehr zurückhaltender Farben auch bloß die chromatische, atmosphärische Vorahnung einer neuen Zeit, in der das obligatorische Weißsein wieder Regierungsdoktrin wird.

Gregory Jones-Katz

Die Fantasie ist ein Schlachtfeld

Elon Musk, Technofaschismus und Dungeons & Dragons

Elon Musk ist überall und tut alles. Seine führende Rolle beim E-Auto-Hersteller Tesla, bei der Raumfahrtfirma SpaceX, bei Twitter (von ihm in X umbenannt) und dem Startup xAI (das X neuerdings aufgekauft hat) sind wohlbekannt. Seit Januar 2025 kann Musk noch Senior Advisor von Trump und De-facto-Chef von DOGE in seinen Lebenslauf einfügen. Mit dem Job bekam er die furchterregende Macht, Teile der US-Regierung zu »löschen«. Und so sehr wir uns über die unverdiente ökonomische Macht und die perverse politische Präsenz Musks ärgern mögen, er selbst hat noch umfassendere Pläne für unsere Kultur.

Exemplarisch dafür steht eine Nebenbemerkung, die im November 2024 die Nachrichtenagenturen dies- und jenseits des Atlantik kolportierten. Musk sprach über den Kauf von Hasbro, dem Spielzeug- und Unterhaltungsgiganten, durch X. Der Grund: Seit 1997 ist auch das Rollenspiel *Dungeons & Dragons* Teil von Hasbro. Musk sieht es offenkundig als seine Mission, *D&D* zu »retten«, die jüngeren, auf mehr Inklusion zielenden Veränderungen des Spiels wieder zu »de-wokifizieren«. Dazu gehören Bemühungen, Minoritäten und marginalisierte Communitys in Mythos und Mechanik des Spiels besser zu repräsentieren. Natürlich war Musks Wüten völlig erwartbar. Sein Flirt mit dem Kauf von Hasbro berührt allerdings etwas Grundsätzliches daran, wie Musks technofaschistischer Kampf gegen die »Verschwendung« mit seinem Kulturkampf gegen die etablierte politische und soziale Macht und Ordnung konvergiert.

Man bräuchte eine Marathonsitzung, um die Geschichte des Aufstiegs von *Dungeons & Dragons* in den Mainstream zu erzählen. Bevor ich das versuche, eine Erklärung des Spiels für Uneingeweihte: Traditionell hat man *D&D* mit Stift und Papier auf dem Küchentisch gespielt – darum spricht man auch von »Tabletop RPG« (Roll Playing Games) oder TRPG. Die Spielerinnen und Spieler erfinden und personalisieren Charaktere – oder imaginierte Rollen – für sich und erzählen Geschichten von deren Abenteuern. Im gemeinsamen Spiel generieren sie so eine kollektive fiktionale Fantasie- und Fantasy-Welt. Es gibt dabei einen »Dungeon Master« als Schiedsrichter für die Regeln des Spiels, als »allwissenden Erzähler«, der alle NPC (also Non-Player-Character)-Figuren kontrolliert. Die *D&D*-Regelbücher haben viele Revisionen erlebt, deren Geschichte viel über kulturelle Veränderungen in den Vereinigten Staaten verrät. Die grundsätzlichen Spielmechanismen jedoch sind, trotz

Wählen Sie Ihre Buchprämie

Hey guten Morgen, wie geht es dir?
Martina Hefter

Warum wir sterben
Venki Ramakrishnan

Stürzende Imperien
Peter Heather, John Rapley

25EIN

Entgelt zahlt Empfänger

Absender

Vorname, Name

Straße und Hausnummer

PLZ und Ort

Telefon (optional für Rückrufe)

E-Mail

Deutsche Post
ANTWORT

Leserservice
Verlag Klett-Cotta
Postfach 13 63
82034 Deisenhofen

Aboservice
+49 (0) 89 / 85 853 – 868 | klett-cotta@cover-services.de

der zahllosen Editionen und Supplemente seit der Erstveröffentlichung im Jahr 1974, bemerkenswert stabil geblieben: Mit Würfeln wird der Schaden in Schlachten bestimmt; es gibt die Vorstellung, dass die Figuren in ihren Abenteuern »Erfahrungspunkte« einsammeln, die ihre Kräfte und Fähigkeiten verbessern. Natürlich gab es Copy-Cat-Spiele und Varianten – der legendäre Spieldesigner Gary Gygax, der sich das Spiel gemeinsam mit Dave Arneson in Wisconsin ausgedacht hat, hat in den Siebzigern regelmäßig mit Klagen gedroht. Trotz allem ist *D&D* bis heute das archetypische Fantasie-TRPG geblieben und gilt zu Recht als der Ursprung der modernen Rollenspiel-Games und als das Herz der gesamten Rollenspielindustrie.

Egal, ob nun Archetyp oder nicht, *D&D* galt seit seiner Entstehung als Provinz der Außenseiter und Marginalisierten, der Freaks und der Geeks. Anfangs nährte das Ängste und Kontroversen: In den 1980er Jahren war *D&D* schon zum Gegenstand früherer Kulturkämpfe geworden. Im Konservatismus der Reagan-Jahre wurde das Spiel zum Objekt verschobener Kalter-Kriegs-Hysterie und der Ängste angesichts der Transformation des Kapitalismus, aber auch der Familienstrukturen. Man bezichtigte es unter anderem, Satanismus und Morden Vorschub zu leisten.

Schneller Vorlauf, rund zehn Jahre später: *D&D* morpht sich in eine kulturelle Stellung, die für uns Nerds bis dahin nicht vorstellbar war. In einer Episode von *Freaks and Geeks* vom 5. Juli 2000 mit dem Titel »Discos and Dragons« – tatsächlich die letzte Folge der Kult-Serie – wird Daniel Desario, der Anführer der Freaks, gebeten, bei einer *D&D*-Session mitzumachen, um eine engere Verbindung zwischen den Freaks und den Geeks zu schaffen. 2016 berichtet der *Guardian*, der Einfluss von *D&D* sei »überall zu bemerken«.[1] Nicht nur auf unseren Küchentischen und in unseren Fernsehern, sondern inzwischen auch im Kino, etwa dem Fantasy-Heist-Comedy-Film *Ehre unter Dieben* von 2023, in dem *D&D* verblüffend zentral wird. 2022 konnte die *New York Times* verkünden: »Alle spielen sie Dungeons & Dragons«;[2] tatsächlich gab es 2017 so viele *D&D*-Spieler wie noch nie: »12 bis 15 Millionen allein in Nordamerika«.[3] Vom Titel- und visuellen Design unzähliger Videospiele bis zu Texten berühmter Autoren und Filmstars: *D&D* und die von ihm geschaffenen Welten prägen den amerikanischen Charakter.

1 Steve Rose, *From Game of Thrones to Michael Gove – the Legacy of Dungeons & Dragons*. In: *Guardian* vom 13. Juli 2016.

2 Amelia Diamond, *Who's Playing Dungeons & Dragons These Days? The Usual Fans, and Then Some*. In: *New York Times* vom 21. April 2022.

3 Nicole Brodeur, *Behind the scenes of the making of Dungeons & Dragons*. In: *Seattle Times* vom 4. Mai 2018.

Man kann es sich leicht machen und Musks Gedankenspiele zu einem von Woke befreiten *D&D* damit erklären, dass er eben ein »Grognard« ist. Ursprünglich bezeichnete das ein Mitglied von Napoleons kaiserlicher Garde, einen Elitesoldaten, der sich zu wehren bereit war, wenn er glaubte, militärisch missbraucht zu werden. Aber seit den frühen Siebzigern wurde das unter Tabletop-Spielern zum Begriff für jemanden, der ältere Versionen von Spielen bevorzugt. Heute bezeichnet das Wort in TRPG-Communitys jemanden, der »ein Fan heute nicht mehr greifbarer Ausgaben eines Tabletop-Spiels ist und sich über die auch nur geringsten Änderungen in späteren Editionen bitter und wortreich beklagt«.[4]

Musks Hasbro-Träumerei auf grognardianisches Murren zu reduzieren, hieße allerdings, seine Verbundenheit mit dem zu übersehen, was Adrian Daub als »cancel culture moral panic« beschrieben hat.[5] Die jüngste Wiederaufnahme der Diskussionen über politische Korrektheit, die unter Reagan begannen, hat sich längst von Amerika in den Rest der Welt weiterverbreitet. Musks gefährliche Bemerkung von 2021 gegenüber dem kanadischen Psychologen Jordan Peterson, dass der »woke mind virus« (»Geistesvirus der Wokeness«) seinen Sohn getötet habe, zeigt nur seine Verbundenheit mit jenen Moralunternehmern, die glauben, »Wokeness« bedrohe die Werte, Interessen und/oder das Wohlergehen der Gesellschaft. In diesem Fall ging es ganz konkret darum, dass das bei der Geburt festgesetzte biologische Geschlecht mit dem Gender identisch sein müsse. Sich über die biologische Identität hinwegzusetzen ist aus der Sicht Musks und seiner Moralpanik-Genossen das Produkt einer unnatürlichen Imagination.[6] Und wenn das Canceln bislang Sache der Kulturlinken war – man denke an die Ära von #TimesUp, #MeToo und Black Lives Matter –, dann ist nun die Rechte an der Reihe. 2023 haben Konservative wegen einer Social-Media-Werbung der TikTok-Influencerin und Transgender-Frau Dylan Mulvaney erst die Biersorte Bud Light und dann die neue *Star-Wars*-Serie *The Acolyte* »gecancelt«, weil Letztere Frauen und PoC ins Zentrum gestellt hat.

Musk ist also alles andere als alleine mit seiner mittelalterlichen Antwort auf unsere unbegrenzte Fähigkeit, die Trennung zwischen »Realität« und »Fantasie« zu verwischen und etablierte Hierarchien und Binaritäten zu untergraben. Seine Reaktion scheint sogar ganz zentral für jene Vision, die

4 https://rpgmuseum.fandom.com/wiki/Grognard

5 Adrian Daub, *The Cancel Culture Panic. How an American Obsession Went Global.* Stanford University Press 2024.

6 Tim Higgins, *Why Elon Musk Won't Stop Talking About a »Woke Mind Virus«*. In: *Wall Street Journal* vom 23. Dezember 2023.

das herbeiwünscht, was Maya Vinokour »reaktionären Futurismus« genannt hat,[7] eine ideologische Bewegung, der nicht nur Musk, sondern auch Marc Andreessen, Peter Thiel, Curtis Yarvin und Nick Land angehören. Ihnen allen geht es darum, den Staat mit seinen künstlichen Regulierungen und Regeln auszulöschen und auch die Demokratie abzuschaffen, weil sie ein religiöses Relikt des Aufklärungsoptimismus mit seinen linken politischen Philosophien und sozialen Reformbewegungen ist. Diese Pulverisierung soll den Weg freimachen für eine technokapitalistische Utopie – also eine erfundene hierarchische Gesellschaft, die man erreicht, indem man dahin geht, wo kein *Mann* je war, indem man neue Gebiete mithilfe start-up-getriebener monarchistischer Modelle kolonisiert.

Sicher, einige Mitglieder der Trump-Regierung wollen vor allem MAGA, also die Rückkehr in eine idealisierte amerikanische Vergangenheit. Die alliierten technofaschistischen Visionäre jedoch, »Charaktere«, die für ihre »übermenschlichen« Taten bekannt sind, wollen diese Rückkehr in Richtung einer Zukunft nach ihren eigenen privaten Traumvorstellungen ausrichten: als verzerrte und romantisierte Visionen früherer Gesellschaftszustände, in denen die »natürliche Ordnung« noch galt. Der rechte Blogger Curtis Yarvin etwa sehnt das preußische Königreich Friedrichs II. zurück. Der vom PayPal-Gründer zum Waffenhändler gewandelte Milliardär Peter Thiel teilt diese Fantasien der Transformation der USA in eine Tech-CEO-Diktatur, ein Reich, in dem nur die wirklich Superreichen mit ihren Spielzeugen spielen, die Geschicke der Menschheit bestimmen und zwischen den Sternen leben dürfen.[8]

Und damit wären wir wieder bei *D&D*. Gygax' und Arnesons ursprüngliche Inspirationen stammten aus Mythen, Spielen und fiktionalen Welten, die einem mit dem heutigen geschärften Bewusstsein bestenfalls traditionell, schlimmstenfalls reaktionär vorkommen können. Eine zentrale Quelle war etwa das *Kriegsspiel*, das Georg Leopold von Reiswitz erdacht hatte, um preußischen Offizieren Manöver auf dem Schlachtfeld beizubringen; das Spiel war so beliebt, dass es sogar Friedrich Wilhelm III. empfohlen wurde. In *Kriegsspiel* gibt es mindestens zwei Teams und einen Schiedsrichter (eine der Inspirationen für den »Dungeon Master« in *D&D*). Natürlich gab es auch literarische Bezüge, die bekanntesten sind die zu J. R. R. Tolkiens *Herr*

7 Ali Rıza Taşkale, *The affective politics of reactionary futurism in Silicon Valley*. In: *Critical Studies on Security*, 2025; Maya Vinokour, *Donald Trump's Reactionary Futurism*. In: *Jacobin* vom 24. März 2025.

8 Corey Pein, *The Moldbug Variations. Feudalism is the new Conservatism*. In: *The Baffler* vom 9. Oktober 2017.

der Ringe-Trilogie, die bei ihrer Wiederveröffentlichung in der Taschenbuchausgabe 1965 immense Erfolge bei den Babyboomern erzielte. Das erste Regelbuch von *D&D* bot die Option, sich als »Hobbit« zu imaginieren, und hatte »Ents«, gigantische Humanoide, die Bäumen ähneln; Erstere wurden zu »Halblingen« und Letztere zu »Treants«, nachdem die Tolkien-Erben fanden, dass diese Form der Inspiration doch sehr an Diebstahl erinnere.

Dass so viele der ursprünglichen *D&D*-Welten in feudal-monarchistischen Modellen aus europäischer Vergangenheit wurzelten, hilft die Beliebtheit des Spiels bei den Technofuturisten zu erklären, schließlich »ist der Feudalismus der Neue Konservatismus«. Ein Beispiel: die Welt von Greyhawk, eine Version, die in Oerth und den Flanaess spielt, dem östlichen Teil des Kontinents Oerik. Sie erinnert sehr an das Europa des Mittelalters und der Frührenaissance. Im nördlichen Flanaess gibt es das legendäre Blackmoor, eine kleine und wenig gastfreundliche Gegend, die vor Urzeiten von einem Schwert-und-Magie-Königreich zu den Höhen eines Magi- (wenn auch nicht MAGA)-Tech-Imperiums aufstieg.

Für einen Jungen wie mich, der so scharf darauf war, *D&D* zu spielen, und nicht im Mittleren Westen, sondern in New York aufwuchs, mit seinem Klima kultureller Diversität und einer generellen kulturellen Verschiebung in Richtung Feier und nicht Ablehnung von Differenz, war manches an dem Spiel ziemlich verwirrend. Ich erinnere mich zum Beispiel daran, wie ich 1992 eine quasi neue Ausgabe von *Kara-Tur: The Eastern Realms* (1988) in einem Barnes & Noble im Kings Plaza Shopping Center in Brooklyn gefunden hatte. Auf der Rückseite las ich: »Diese Box enthält alles, was Spieler und DMs brauchen, um eine aufregende orientalische Abenteuerkampagne zu erleben! Kara-Tur, eine Welt östlicher Mysterien, befindet sich auf der Rückseite des Planeten aus dem Forgotten-Realms-Setting [ähnlich wie Greyhawk, aber mit mehr Magie], aber die beiden Kulturen interagieren nur, wenn du es willst!«

Für mich heute sind diese Sätze atemberaubend anstößig. Ich brauche nicht Edward Said, um ihren Orientalismus zu entlarven. Als ich mich jedoch damals in das Material vertiefte, wollte ich in mein Spiel unbedingt »asiatische« Kulturen und »östliche« Länder integrieren, etwa Ninjas und Samurais als Optionen für Charaktere im Spiel, außerdem weitere Rassen jenseits der Menschen und tolkienesken Elben, Halblinge und so weiter – etwa die zwergartigen Korobokuru, die in kargen Landschaften fern der Zivilisation leben, und den Affenmenschen Vanara in den Goldnebelbergen. Trotzdem, etwas irritierte mich an Kara-Tur. In meiner Klasse waren Immigranten der zweiten Generation aus Südostasien; wir sprachen bei *D&D* nicht darüber, aber sie mieden diese Spiel-Settings. Das machte mir einiges klar. Kürzlich habe ich erfahren, dass Hasbro *Kara-Tur* inzwischen aufgegeben hat und wohl auch nie wieder auflegen wird.

Kara-Tur war ein Vorbote kommender Schlachten um implizite wie explizite Elemente der *D&D*-Fantasiewelten. Das Ausmaß, in dem schon das Explorieren und Abenteuerleben, die so zentral sind für die »*D&D*-Erfahrung«, letztlich kolonialistische Fantasien sind, habe ich lange überhaupt nicht begriffen. Etwa das Spelljammer-Setting (1989), designt von Jeff Grubb und teilweise inspiriert von dem Buch *The Discoverers – A History of Man's Search to Know His World and Himself* (1983) des populären kulturkonservativen Historikers Daniel J. Boorstin, das das Entdecken als transformative Kraft propagiert, die den Fortschritt der Menschheit befördert. Um das zu belegen, führt Boorstin die Entdeckung von Ideen, Konzepten, Orten und Fakten aus dem Leben von Forschern, Entdeckern, Archäologen und Psychologen vom Anbeginn der Zeit bis zum Beginn des 20. Jahrhunderts vor, darunter die Heldentaten und Irrtümer von Christopher Columbus, Galileo Galilei und Isaac Newton.

In Spelljammer spielen die Teilnehmer erfundene Figuren, die Boorstins Protagonisten ähneln. Die fantastischen Helden fliegen in zaubergetriebenen Raumschiffen durch interstellare Galaxien, um unbekannte Planeten und Reiche, Zauberdinge und Technologien zu entdecken. Der junge Greg war hellauf begeistert beim Gedanken an solche imaginären Reisen zu den Sternen und hatte keine Vorstellung davon, wie sehr diese »unorthodoxen« Abenteuer sich aus allgegenwärtigen Bildern der amerikanischen Kultur bedienten und damit eine tief ins Imaginäre eingegrabene imperialistische Fantasie in Richtung Erkundung und Eroberung des Weltalls ausweiteten. Es hat in Spelljammer an anderen kolonialistischen Tropen nicht gefehlt. Bei den Hadozee etwa handelte es sich um eine Rasse von Affen, denen ihr Sklavenhalter Intelligenz gewährt hatte. Er führte Experimente an ihnen durch und plante, sie zu verkaufen. Zu wissen, dass eine solch gewalttätige Bilderwelt die *D&D*-Abenteuer meines jungen Selbst geformt hat, ist traurig und verstörend. Zum Glück wurde dieses Setting zwei Jahrzehnte später gründlich überarbeitet.

Vor rund drei Jahren gab es dennoch erneut einen Social-Media-Aufruhr um die Hadozee – etliche Paragraphen der Spiel-Legende wurden, ich denke zu Recht, als nach wie vor unsensibel kritisiert. Nun sind Gaming-Communitys seit mehr als zehn Jahren an Online-Kontroversen rund um etablierte Hierarchien und Binarismen gewöhnt. Am bekanntesten wurde »Gamergate«, die Mobbing-Kampagne von weißen, männlichen Rechten gegen das Auftauchen von Frauen und Feministinnen in der Industrie. Diese Attacken steigerten sich exponentiell, als #Gamergate sich als Hashtag auf Twitter verbreitete und der wachsenden neuen Alt-Right-Rechten dabei half, neue Anhänger zu rekrutieren.[9] »Gamergate«, so David Emery, »ist heute der Inbegriff der tiefverwurzelten sexistischen und reaktionären Haltungen, die wir nicht nur in der männerdominierten Spieleindustrie der damaligen Zeit, sondern im ganzen Internet beobachten.«[10]

In diesem Kontext war Musks Hasbro-Kommentar vom 22. November 2024 nur ein weiterer Schritt zur Normalisierung rechtsextremer Ideologien auf Social-Media-Plattformen. Musk hatte einen Post auf X gesehen, der darauf hinwies, dass das von Hasbro herausgegebene Buch *The Making of Original Dungeons & Dragons* (2024) zum vierzigjährigen Jubiläum des Spiels zu den nichtinklusiven Elementen des Originals auf Distanz ging. Seine Reaktion: »Niemand, und ich meine niemand, hat das Recht, E. Gary Gygax und die Genies, die *Dungeons & Dragons* geschaffen haben, zu kritisieren. Was zur Hölle ist in Hasbro gefahren …?? Sie sollen in der Hölle schmoren.«[11] Als man ihn darauf aufmerksam machte, dass der Verfasser des Tweets die Kritik von Musk und anderen nicht ernst genommen hatte, fragte er direkt: »Was kostet Hasbro?«

Überraschen kann Musks Begeisterung für »Gygax und seine Genies« natürlich nicht. Sie passt vielmehr perfekt zu seinen eugenischen Fantasien und den damit verbundenen absurden Rassentheorien, die darauf hinauslaufen, menschlichen »Ausschuss« loszuwerden. In vielen Interviews hat der Hitlergrüßer Musk immer wieder höhere Geburtenraten gefordert, sieht aber nur Seinesgleichen dazu ausersehen, Babys mit der passenden genetischen Ausstattung zu produzieren – er selbst ist ja der Erzeuger von bislang vierzehn Kindern. Musk hat, wie man bei Coghill und Hayes nachlesen kann, »prominente Rassetheoretiker retweetet […] und so falsche Informationen über die Intelligenz und Physiologie von Minoritäten an seine 176,3 Millionen Follower weiterverbreitet«. Immer wieder gibt er Nutzern »größere Sichtbarkeit, die mit irreführenden Daten und Grafiken die biologische Überlegenheit von Menschen europäischer Abstammung belegen sollen«.[12] Musk

9 Adrienne L. Massanari, *Gaming Democracy. How Silicon Valley Leveled Up the Far Right.* Cambridge/Mass.: MIT Press 2024.

10 David Emery, *Snopestionary: What Was »Gamergate«?* In: *Snopes* vom 4. April 2022.

11 Greg Evans, *Dungeons & Dragons and Transformers fans »horrified« at the idea of Elon Musk buying Hasbro.* In: *Independent* vom 30. November 2024 (www.the-independent.com/arts-entertainment/films/news/elon-musk-hasbro-stock-dnd-transformers-b2656342.html).

12 Arianna Coghill/Garrison Hayes, *Elon Musk Keeps Spreading a Very Specific Kind of Racism.* In: *Mother Jones* vom 13. März 2024 (www.motherjones.com/politics/2024/03/elon-musk-racist-tweets-science-video/).

beschäftigt sich obsessiv mit einer imaginären Fruchtbarkeitskrise, die nur weiße männliche Genies lösen können, indem sie eine dann wieder ordentlich hierarchisierte Gesellschaft in die von den Technofaschisten des Silicon Valley herbeifantasierte Zukunft führen.

Peter Thiel etwa hat enorme Summen in Forschung investiert, die uns zur »Unsterblichkeit« verhelfen soll. Noch beunruhigender sind die Gelder, die er in die Verbesserung der »Frauengesundheit« steckt, und zwar nicht zuletzt durch eine App, die die Periode tracken und so jede Geburtenkontrolle überflüssig machen soll. Diese Spenden und Investments haben ein klares politisches Ziel. Schon 2009 schrieb Thiel, dass das Frauenwahlrecht und die seit dem Beginn des 20. Jahrhunderts steigende Zahl von Wohlfahrtsempfängern »die Vorstellung einer ›kapitalistischen Demokratie‹ in ein Oxymoron verwandelt haben«.[13] Diese Fantasie von der Umkehrung der Verhältnisse durch Ausmerzen der Normalsterblichen zugunsten der brillanten männlichen Schöpfer zeigt, wie sehr diese selbsterklärten Genies sich das »Menschliche« nur in Gestalt ihres übersteigerten Ebenbilds vorstellen können. Auch Trump hat immer wieder klar eugenisch konnotierte Sprache verwendet, wenn es um undokumentierte Immigranten geht. Das Flugzeugunglück im Januar 2025 erklärte er damit, dass die FAA Leute eingestellt habe, »die schwere intellektuelle Beeinträchtigungen, psychiatrische Probleme und andere geistige und physische Einschränkungen« hätten.[14] Es fällt leicht, Musk und seine Kompagnons in der Nazi-Entsprechung der *D&D*-Greyhawks wiederzuerkennen: Die Scarlet Brotherhood ist eine geheime Kaste, die vom »Vater des Gehorsams« angeführt wird. Ihre Mitglieder werden »gezüchtet« und haben helle Haut und blondes Haar und halten sich für die Herrenrasse. Sie sind aus ihrer Heimat vertrieben und wollen ihr ursprüngliches Reich des Bösen jetzt auf dem Rücken der ihnen vermeintlich rassisch und kulturell Unterlegenen wiedererrichten.

Die rückwärtsgerichtete Sehnsucht der Technofaschisten hilft zu erklären, warum Musk so empört ist, dass nun sogar in *D&D* der Fortschritt in Richtung Diversität und Inklusion Einzug gehalten hat. Beispiele für diesen Fortschritt: Das vielgelobte Supplement *Tashas Kessel mit Allem* von 2020 hat die zentralen Regeln der fünften *D&D*-Edition erweitert, indem die für das Spiel immer zentrale Idee der »Rasse« – mit ihren zeitlosen Essenzen und Kernattributen und damit fest verbundenen Verhaltensformen – durch die

13 Peter Thiel, *The Education of a Libertarian*. In: *Cato Unbound* vom 13. April 2009 (www.cato-unbound.org/2009/04/13/peter-thiel/education-libertarian/).

14 Justin Kirkland, *»The basis of eugenics«: Elon Musk and the menacing return of the R-word*. In: *Guardian* vom 3. März 2025.

Vorstellung variabler Ursprünge ersetzt worden ist. De facto ist Musk allerdings ein ganzes Vierteljahrhundert zu spät dran. Denn schon die dritte Edition, im Jahr 2000 veröffentlicht, hatte die Klassen- und Rassenvorschriften für die Charaktere aufgehoben und den Spielern die Wahl gelassen, jede Rasse und jede Klasse miteinander zu kombinieren. Zwei Beispiele: Während das *Advanced Dungeons & Dragons Player's Handbook* (1978) die Halb-Ork-Rasse einführte und als bösartig porträtierte, war es in der dritten Edition dann möglich, die Halb-Orks als Charaktere zu wählen und ihre (moralische) Ausrichtung nach Belieben selber zu setzen. Oder: In früheren Ausgaben konnte der Paladin, ein heiliger Krieger, der für Gerechtigkeit und Rechtschaffenheit kämpft, nur menschliche Gestalt haben; das war, so hatte man das meinem jüngeren Ich erklärt, wegen der kurzen Lebensspanne der Menschen und ihrer Neigung zum religiösen Fanatismus – was sie beides von anderen Rassen, etwa den Elben, unterscheide, die Tausende Jahre leben und die Götter gelassen verehren. Heidegger wäre mit dieser ontologisch basierten Verteidigung der ausschließlich menschlichen Paladine ganz einverstanden gewesen. Half aber nichts, diese Beschränkung wurde ebenfalls aufgehoben. Schon verräterisch, wenn sich jemand, der immer gegen die angeblich totalitären Social-Justice-Krieger tobt und Freiheit und persönliche Wahlfreiheit hochhält, so über die Ausweitung des imaginären Möglichkeitsraums in *Dungeons & Dragons* empört.

Was Musk und seine Freunde, die Technofaschisten, allerdings am allermeisten stören dürfte, ist wohl das, was *D&D* von Anfang an und im Kern ausmacht: *D&D* ist eine gemeinsam herbeibeschworene Bühne, auf der die Spieler endlose Möglichkeiten ko-imaginieren. 2000 wurde zudem ein Lizenzkonzept implementiert, das es unabhängigen Entwicklern ermöglicht, *D&D* nach Belieben zu modifizieren. Seitdem hat die Zahl spielbarer Rassen und Charaktere immer weiter zugenommen, auf mehr als 200 Rassen und 54 Kerncharaktere (im Vergleich zu vier Rassen und nur drei Figuren-Klassen in der Erstausgabe).

Musks »Dark MAGA«-Fixierung auf eine glorreiche Vergangenheit ist mit dem Mittleren Westen verbunden. Hier entstand *D&D*, hier lagen Zentren der US-Auto-, Stahl- und Ölindustrie. Die Spielerbasis von *D&D* hat diesen Raum allerdings längst hinter sich gelassen und ganz andere, zeitgenössischere Galaxien erreicht. Nicht nur sind die »Arbeiter« am Erträumen dieser Welten beteiligt, sie geben ihrer Entwicklung und ihrem Wachstum auch die Richtung vor. Die Regelwerke des Spiels sind in Wahrheit eher Leitfäden, und schon Gygax selbst hat immer ganz klar gesagt, die Spieler sollten einfach alle Regeln ignorieren, die ihnen nicht passen. Und so kann, wer das Spiel spielt, das System ändern, wann immer es ihr oder ihm beliebt. Während der amerikanische Mainstream die Geeks in sich aufgenommen hat (was man mit den üblichen Argumenten der Konsumkritik auch problematisch finden kann), nimmt sich *D&D* inzwischen wie eine pluralistische Demokratie *en miniature* aus. Darum ist Musks Ent-Wokifizierungsbegehren eben keiner harmlosen Nostalgie geschuldet, sondern seinem Wunsch, der Diversität und dem Demokratischen, das diesen Fantasiewelten heute eignet, den Riegel vorzuschieben

Ich habe hier, in meinem (selbstgewählten) Exil in Deutschland, ein Seminar zur Kulturgeschichte von *D&D* unterrichtet. Abgesehen von ein paar Austauschstudenten sind meine Studierenden alle Deutsche, und fast alle sind im Ruhrgebiet aufgewachsen. Ihre Diversität hätte mein junges Ich allerdings schockiert. Die *D&D*-Spieler unter ihnen erklären mir, dass sie im Spiel alle Einstellungen ignorieren, also die Kategorisierung der ethischen Perspektive der Spiel- wie der NPC-Figuren und Kreaturen. Das bedeutet eine Freiheit im Spiel, von der ich als Teenager nur träumen konnte. Meinen Studierenden ist bewusst, dass die Imagination mit ihren Mythen, Narrativen und Metaphern den Alpträumen eines amoklaufenden Rationalismus etwas entgegensetzen kann; sie zeigten sich ausnahmslos empört über Musks Hasbro-Tweet. Ich denke an William Blake, der einst Newton wegen seines mechanistischen Bilds des Universums bekämpfte – und in seiner Mythologie einen bärtigen alten Mann namens Urizen zur Verkörperung konventioneller Vernunft und konventionellen Rechts machte, der das Universum mit einem Kompass schuf und regiert. An seine Stelle können wir heute Musk, DOGE und die ganze technofaschistische Bande setzen. Blake entgegnet solchen rechten Philosophien in seiner allegorischen Dichtung *The Mental Traveller* mit der Gewissheit, dass die Imagination die Kraft haben kann, die Erfahrung neu zu gestalten. Kollaborative Gemeinschaften, die sich eine andere, fortschrittlichere Welt vorstellen können, stehen im Widerspruch zu Musks erschreckenden Visionen für die Zukunft unserer wirklichen Welt.

Aus dem Englischen von Ekkehard Knörer

KI-Kolumne

DeepSeek

Von Paola Lopez

Ende Januar 2025 wurde das neueste Sprachmodell des chinesischen Start-ups DeepSeek veröffentlicht, und die KI-Welt drehte durch. Das Sprachmodell sei in seiner Performance vergleichbar mit den neuesten Modellen von OpenAI und Meta, was zwar spannend, aber erstmal nicht revolutionär ist. Das Besondere ist der geopolitische Kontext: Will man ein Sprachmodell trainieren, braucht man viele Graphics Processing Units (GPUs). Es gibt gegenüber China aber strikte Exportbeschränkungen für GPUs, die es unmöglich machen sollten, dass China besonders leistungsstarke KI-Modelle entwickelt.[1] Die Größenordnungen scheinen absurd: Während das Training von Metas Llama 4-Modell Ende 2024 etwa 100 000 GPUs brauchte,[2] gab DeepSeek an, für sein Modell V3 seien 2000 (leistungsschwächere) GPUs verwendet worden.[3] Ein so potentes Modell, wie DeepSeek es vorführte, schien unter diesen Beschränkungen bis dahin unmöglich.

1 Vgl. Ana Swanson, *Biden Administration Clamps Down on China's Access to Chip Technology*. In: *New York Times* vom 7. Oktober 2022.

2 Vgl. James Morales, *Elon Musk, Mark Zuckerberg Face Off Over »World's Most Powerful« AI Cluster*. In: *CCN* vom 1. November 2024 (www.ccn.com/news/technology/elon-musk-vs-mark-zuckerberg-biggest-ai-supercomputer/).

3 Vgl. DeepSeek-AI, *DeepSeek-V3 Technical Report*. In: *arXiv* vom 27. Dezember 2024 (arxiv.org/abs/2412.19437).

Technisch geschickt gemacht

DeepSeek präsentierte nicht ein Modell, sondern eine Reihe verschiedener Modelle, die verschiedene Eigenschaften haben und für verschiedene Zwecke entwickelt wurden. Das für die KI-Welt Interessante ist, dass die DeepSeek-Modelle technisch geschickt gemacht, offen und vergleichsweise klein sind. Ein Verfahren zur Effizienzsteigerung ist etwa die sogenannte *quantization*, die die benötigte Speicherkapazität von Parametern reduziert: Ein maßgeblicher Teil eines gebrauchsfertigen KI-Modells ist eine Sammlung von vielen, vielen Parametern. Diese Parameter sind konkrete Zahlen, die an bestimmte Stellen der Modellarchitektur eingesetzt wurden und ein Modell sozusagen konkretisieren: Ist die grundlegende Modellarchitektur ein Knochengerüst, dann sind die konkreten Parameter Fleisch und Muskeln und so weiter.

Diese Parameter werden während des Trainingsprozesses mittels Trainingsdaten durch verschiedene Optimierungsverfahren ermittelt. Sie hängen also stark von den Trainingsdaten ab. Während des Trainings wird gefragt: Welche Zahl muss man an diese Stelle des Modells setzen, damit am Ende ein hinreichend guter Output herauskommt? Ein fertiges Modell beinhaltet mehrere Milliarden solcher Parameter. Je mehr Parameter ein Modell hat, desto ausdifferenzierter ist es und desto »größer«

wird es genannt. Daher kommt auch der Begriff des »Large Language Models« (LLM) – »large« bezieht sich hier unter anderem auf die große Menge an Parametern.

Ist das Training abgeschlossen und das Modell fertig, werden bei jeder Anwendung des KI-Modells diese festen Parameter verwendet, um für einen konkreten Input einer Nutzerin einen konkreten Output zu erzeugen. Die Verarbeitung von mehreren Milliarden Parametern ist extrem speicherintensiv: Je mehr Komplexität und Genauigkeit die Zahl hat, desto mehr Speicherplatz wird benötigt. Und umgekehrt: Je weniger Nachkommastellen die Parameter haben, desto ungenauer und schlechter wird das Ergebnis.

Quantization ist ein Prozess, bei dem die einzelnen Zahlen in ihrer Komplexität reduziert werden, und zwar auf eine Art, die trotzdem hinreichend gute Ergebnisse erzeugt. Spart man sich bei jedem Parameter ein kleines Bisschen Komplexität, also Speicherplatz, dann ist die gesamte Ersparnis bei mehreren Milliarden Parametern signifikant. Verfahren der geschickten *quantization* sind akademisch interessant, aber nicht so dringlich, wenn ein Unternehmen sich in einem Markt bewegt, in dem von allen Seiten große Geldmengen in viele und gute GPUs gesteckt werden.

Ein zweiter Aspekt, der die Modelle von DeepSeek effizient macht, ist das Prinzip der *Mixture of Experts* (MoE). Die konzeptuelle Idee ist, dass man kein großes Netzwerk baut, das dann jede Anfrage auf die gleiche Art bearbeitet, sondern mehrere kleinere Teilnetzwerke, die jeweils auf eigene, spezifische Themenschwerpunkte fokussiert sind. Natürlich ist das Ganze am Ende immer noch ein Modell, aber die innere Architektur ist ausdifferenziert. Bei einem großen Gesamtmodell wird jede Anfrage von dem großen Gesamtkomplex bearbeitet. Inputs wie »Programmiere einen Onlineshop für meine Fotoprints« werden den gleichen Mechanismen – und Parametern – zugeführt wie der Input »Verfasse einen vierseitigen Liebesbrief an einen Elefanten«. Das ist konzeptuell ineffizient, da die Parameter, die für das Programmieren eines Onlineshops gut sind, auch beim Schreiben des Elefantenliebesbriefs aktiviert werden, aber eher nichts Sinnvolles dazu beitragen werden.

Das kostet *compute*, also Rechenleistung, und macht das Ganze ressourcenintensiv und schwerfällig. Stattdessen ist das Prinzip hinter der *Mixture of Experts*, dass verschiedene Teilsysteme nebeneinander warten, bis der Input der Userin an ein Teilsystem delegiert und das Teilsystem damit aktiviert wird. Das macht das Modell insgesamt kleiner, manchmal etwas schlechter, aber dafür das Benutzen des Modells, den Prozess der sogenannten *Inferenz*, weniger rechenleistungs- und damit weniger ressourcenaufwendig. Statt etwa der gesamten 400 Milliarden Parameter werden pro Anfrage also nur beispielsweise 30 Milliarden aktiviert – der Input muss also »nur« durch 30 Milliarden Parameter geschoben werden.

Ein weiterer technisch geschickter Kniff ist das *distilling*.[4] Hierbei beginnt man mit einem großen, komplexen Modell, das als *teacher model* eingesetzt wird, um einem anderen, kleineren Modell, dem *student model*, technische Kapazitäten zu übertragen. Das *student model* richtet dabei Fra-

4 DeepSeek-AI, *DeepSeek-R1: Incentivizing Reasoning Capability in LLMs via Reinforcement Learning*. In: *arXiv* vom 22. Januar 2025 (arxiv.org/abs/2501.12948).

gen an das *teacher model* und wird sozusagen durch dessen Outputs trainiert. Das ist technisch spannend, da es hier nicht um ein reines Komprimieren des *teacher models* geht – *teacher model* und *student model* haben im Fall von DeepSeek sehr unterschiedliche Grundarchitekturen: Das *teacher model* von DeepSeek, genannt R1, ist ein sogenanntes *reasoning model*. Das bedeutet, der Output zu jedem Input enthält Teillösungsschritte,[5] das *reasoning*.[6] Dadurch werden die internen Inferenzprozesse transparenter gemacht, und Nutzer können das Ergebnis besser nachvollziehen. Dabei können natürlich die *reasoning*-Outputs genauso falsch oder unsinnig sein wie die herkömmlichen Outputs. OpenAI hat mit o1 auch ein solches *reasoning model* veröffentlicht,[7] jedoch im Gegensatz zu DeepSeek nichts dazu offengelegt, wie es trainiert wurde.

Reasoning models sind in der Inferenz, also im Gebrauch, viel weniger effizient, da bei jedem Input nicht nur der finale Output, sondern auch eine schrittweise Hinführung zum Output erzeugt wird. Sie sind sehr groß, haben viele Parameter – und brauchen viel Rechenleistung. Es ist daher naheliegend, ein *reasoning model* mit technischen Tricks verkleinern zu wollen. DeepSeeks R1-Modell wurde als *teacher model* verwendet, um die *open source*, also offen verfügbaren, Modelle Llama des Konzerns Meta und Qwen des Konzerns Alibaba als *student models* zu verfeinern. Beide Modelle sind keine *reasoning models*, sondern normale *transformer models*, also Modelle in der Bauart wie ChatGPT. Es ist, als wäre die sehr andersartige DNA eines *reasoning models* in die handelsüblichen *transformer models* Llama und Qwen mittels *distilling* eingepflanzt worden, die damit auch Outputs mit *reasoning* erzeugen können. Das funktioniert nach technischen Standards gut und ist ein Aspekt an DeepSeek, der die technische Community begeistert hat.

Auch die Details des Trainings von R1 sind interessant – um ein *reasoning model* zu trainieren, braucht man normalerweise, wie bei allen anderen Dingen, die man mit Machine Learning erstellen möchte, viele Beispieldaten, in diesem Fall vie-

5 Das Modell DeepSeek R1 Distill Llama 70B, also das in Llama destillierte R1-Modell von DeepSeek, das 70 Milliarden Parameter hat, lieferte auf meine Frage »What is the sum of the difference of three and five, and seven?« etwa die Teillösungsschritte: »Alright, so I've got this math problem here: ›What is the sum of the difference of three and five, and seven?‹ Hmm, okay, let's break this down. First, I need to understand what it's asking. It mentions the ›difference of three and five,‹ and then wants the sum of that difference and seven. Okay, so ›difference‹ in math usually means subtraction. So, the difference between three and five would be 3 minus 5. Let me write that down: 3–5. That equals… hmm, 3 minus 5 is –2, right? Because 5 is bigger than 3, so it's like I owe someone 2. Now, the problem says to find the sum of that difference and seven. So, I guess that means I need to add 7 to the result I just got. So, that would be –2 plus 7. Let me calculate that: –2 + 7 equals 5. Okay, so the sum of the difference of three and five, and seven is 5.«

6 Der Begriff des *reasoning* ist nicht zu verwechseln mit tatsächlichem Argumentieren und Nachdenken. Es handelt sich um anthropomorphisierte technische Fachbegriffe, die erst einmal genauso wenig mit ihrer alltagssprachlichen Bedeutung zu tun haben wie »Künstliche Intelligenz« mit »Intelligenz« oder »Machine Learning« mit Lernen.

7 Vgl. OpenAI, *Learning to reason with LLMs*. In: *OpenAI.com* vom 12. September 2024 (openai.com/index/learning-to-reason-with-llms/).

le, viele Daten von Fragen und dazugehörigen Antworten und außerdem von den Zwischenschritten, die ja auch ein Teil des Output sein sollen. Daten von expliziten Zwischenschritten sind in der Beschaffung schwierig und aufwendig. DeepSeek hat das *reasoning* aber mit »Reinforcement Learning«, einem Bündel an technischen Methoden, trainiert.

Das bedeutet, es wurden keine Beispielzwischenschritte im Trainingsprozess zugeführt, anhand derer das Modell die Zwischenschritterzeugung lernen sollte. Stattdessen wurde, aufbauend auf dem DeepSeek-Modell V3, für jedes ausgespuckte Stück Zwischenschritt im Training ein sogenannter *reward* zugewiesen – das ist eine Zahl – und insgesamt wurden die *rewards* maximiert. Das gut zu machen, ist nicht einfach. Damit braucht es nur noch Datensätze mit Fragen und Antworten, und nicht mehr solche mit Fragen, Antworten und Zwischenschritten. Auch das hat die technische Community interessiert.

DeepSeek hat seine Modelle und Methoden erläutert und offengelegt. So heißt es in dem Begleitpaper zu R1: »To support the research community, we open-source DeepSeek-R1-Zero, DeepSeek-R1, and six dense models (1.5B, 7B, 8B, 14B, 32B, 70B) distilled from DeepSeek-R1 based on Qwen and Llama.« Was nicht transparent gemacht wurde, sind die verwendeten Trainingsdaten. Der Begriff der Transparenz oder der Offenheit im Bereich KI ist nicht eindeutig – so wurden Modellvarianten offengelegt, im Sinne der Veröffentlichung der Milliarden an Modellparametern. Damit ist »das Modell« offen einsehbar. Das bedeutet aber nicht, dass man irgendetwas Sinnvolles über seine Funktionsweise oder seine inneren Mechanismen aus den paar Milliarden Zahlen ablesen kann. Dazu wäre die Offenlegung der Trainingsdaten wichtig, und nicht einmal die reichen aus, um ein Modell tatsächlich zu verstehen und auch an gezielten Stellen adaptieren zu können. Dafür bräuchte man in jedem Fall die sogenannte Trainingspipeline: In welcher Reihenfolge und auf welche Weise genau wurde trainiert? Wie wurden die Trainingsdaten aufbereitet, wann wurde welcher Schritt angewendet, wann welche Verfeinerung gemacht? Diese Aspekte hat DeepSeek nicht offengelegt.[8]

Ressourceneffizienz

Die eingeschränkte Verfügbarkeit von GPUs in China hat also dazu geführt, dass DeepSeeks Modelle durch technische Expertise und eine Verkettung von verschiedenen Verfahren und Kniffen vergleichbar gute Ergebnisse erzielt wie die Modelle von OpenAI oder Meta. Die Modelle haben beim Training weniger Ressourcen gebraucht, was das Ganze günstiger für DeepSeek als Unternehmen gemacht hat. Außerdem ist auch das Benutzen der Modelle effizienter und erfordert weniger Rechenleistung.

Dabei muss man zwischen verschiedenen Versionen unterscheiden: Die Version von R1, die in der offiziellen DeepSeek-App inkludiert ist, hat 671 Milliarden Parameter, von denen während des Benutzens 37 Milliarden Parameter aktiv sind. Daneben gibt es auch die Versionen, die mittels *distilling* in die offen verfügbaren Modellversionen von Llama und Qwen eingepflanzt

8 Es gibt Bemühungen, auch die fehlenden Aspekte der Trainingspipeline zu rekonstruieren, vgl.: huggingface.co/blog/open-r1

wurden. Davon gibt es mehrere verschiedenen Varianten, die alle unterschiedlich groß sind, also unterschiedlich viele Parameter haben: von 1,5 Milliarden bis etwa 70 Milliarden. Das Besondere an diesen gekoppelten Modellen ist, dass Nutzerinnen diese quasi herunterladen und damit auch auf ihren eigenen Geräten lokal nutzen können.

Das bedeutet, dass die Prompts und die Fragen an das Modell nicht erst online zu DeepSeek geschickt, in DeepSeeks Rechenzentren verarbeitet und dann retourniert werden. Eine Internetverbindung ist bei lokaler Nutzung gar nicht notwendig. Damit sind auch die üblichen Bedenken hinsichtlich des Datenschutzes nicht mehr relevant, weil alle Inputs auf der eigenen Infrastruktur verbleiben. Hier ist natürlich die Größe der erforderlichen Rechenleistung essentiell: Denn normale Nutzer können auf ihrer handelsüblichen Hardware kein Modell mit 671 Milliarden Parametern laufen lassen – ein Modell mit 1,5 Milliarden ist da schon eher möglich. Das ist ein prinzipiell demokratisierender Aspekt, der theoretisch die institutionelle Abhängigkeit von großen Technologieunternehmen reduzieren kann.

Dabei ist die Frage, wie groß Large Language Models (LLMs) sein müssen, nicht nur eine akademische oder finanzielle oder institutionelle. Gerade der große Energieverbrauch beim Trainieren und Nutzen von LLMs ist ein Aspekt des ganzen KI-Projekts, für den sich BigTech zunehmend rechtfertigen muss. Es geht nicht nur um Strom, der – theoretisch – auch aus erneuerbaren Energiequellen stammen könnte, falls man sich dafür interessieren sollte, sondern insbesondere um die spezifische Ausgestaltung der Rechenzentren, in denen Daten gespeichert und verarbeitet werden.

Solche Rechenzentren braucht es, um KI-Modelle zu trainieren und im Rahmen von nicht auf dem eigenen Computer laufenden Apps wie ChatGPT oder der DeepSeek-App zu nutzen. In Rechenzentren lagern viele miteinander verknüpfte Server, die in ihrer Verarbeitung von Daten heißlaufen und daher gekühlt werden müssen: Gekühlt wird häufig mit Wasser, einer Ressource, die an immer mehr Orten der Welt eher nicht unnötig verschwendet werden sollte. Genau das streben aber große Tech-Unternehmen gerade an – es sind, auch aufgrund des KI-Hypes, zahlreiche Rechenzentren in Planung, die ausgerechnet an Orten entstehen sollen, die bereits unter Wasserknappheit leiden.

Die Anzahl, Lage und Ausgestaltung von Rechenzentren wird meistens nicht offengelegt. Man kann darüber nur durch aufwendige Recherchen und die Kombination von lokalen Medien, Satellitenbildern und so weiter etwas erfahren. So hat eine Recherche von unter anderem dem *Guardian* ergeben, dass Amazon, Microsoft und Google in nächster Zeit die Anzahl ihrer Rechenzentren um 78 Prozent erhöhen werden, um dem erhöhten Bedarf von Cloud Computing sowie Training und Nutzung von KI gerecht zu werden.[9] Dass Rechenzentren gerade an heiße, trockene Orte gebaut werden, liegt an der vorteilhaft niedrigen Luftfeuchtigkeit, da Luftfeuchtigkeit mit Metallkorrosion einhergeht und man den Materialverschleiß vermeiden möchte. Dann das wenige in den Regionen verfügbare Wasser zu nutzen, um Rechenzentren für die KI-Nutzung zu kühlen, scheint dystopisch.[10] Auch in den bereits bestehenden Rechenzentren wird mehr Wasser verbraucht werden: So rechnete Amazon vor, dass der Wasserverbrauch in der Kühlung eines Rechenzentrums in Spanien aus Klimawandelgründen um 48 Prozent steigen werde und beantragte daher eine entsprechende 48-prozentige Erhöhung der erlaubten Wassernutzungsmenge.[11]

Man kann von DeepSeek halten, was man möchte – allein, dass die Veröffentlichung der vergleichsweise kleinen Modelle beginnt, am »Mehr ist mehr«-Paradigma der aktuellen KI-Entwicklung zu rütteln, ist interessant und lange überfällig.

Die DeepSeek-App

Bei DeepSeek muss man also zwischen der-App namens »DeepSeek – AI Assistant« mit ständiger Verbindung zu DeepSeek und den destillierten lokal nutzbaren kleineren Modellen unterscheiden. Die DeepSeek-App beinhaltet sowohl das gro-

9 Vgl. Luke Barratt / Constanza Gambarini, *Revealed: Big tech's new datacentres will take water from the world's driest areas.* In: *Guardian* vom 9. April 2025 (www.theguardian.com/environment/2025/apr/09/big-tech-datacentres-water).

10 Emily Bender, Timnit Gebru und andere stellten in ihrem Paper schon 2021, also lange vor ChatGPT, die rückblickend visionäre Frage: »Can language models be too big?« Vgl. *On the Dangers of Stochastic Parrots: Can Language Models Be Too Big?* In: FAccT '21: Proceedings of the 2021 ACM Conference on Fairness, Accountability, and Transparency, 2021 (dl.acm.org/doi/10.1145/3442188.3445922)

11 Amazon Data Services Spain, *Documento ambiental para Evaluación de Impacto Ambiental simplificada de un Centro de Datos en El Burgo de Ebro (Zaragoza), España. Proyecto de aumento del consumo de agua* vom 20. Dezember 2024. Zit. n. Barratt / Gambarini, *Revealed*.

ße Modell V3 als auch das darauf aufbauend trainierte *reasoning model* R1, und sie ist kostenlos nutzbar. Diese App hat Ende Januar Schlagzeilen gemacht, als sie die Liste der am häufigsten heruntergeladenen Apps im Apple App Store anführte.[12]

Die Nutzung der DeepSeek-App funktioniert wie die Nutzung von ChatGPT, es ist eine ständige Verbindung zum zentralen Konzern notwendig. Beschließen DeepSeek oder OpenAI von einen Tag auf den anderen, ihre Apps nicht mehr zur Verfügung zu stellen, dann haben die Nutzer keinen Zugang mehr. Damit gibt es die gleichen Datensicherheits- und Datenschutzbedenken wie bei anderen Apps. Alles, was in der App gemacht wird, ist prinzipiell einsehbar. Anders formuliert: Wenn wir auf eine App zugreifen, greift sie auch auf uns zu. Entsprechend wurde die DeepSeek-App in mehreren Ländern auf Regierungsgeräten richtigerweise verboten.[13] Auch bei den Chatbots von OpenAI ist es so, dass sensible Daten – etwa Daten im Rahmen der eigenen Arbeitstätigkeit, die zur Arbeitserleichterung in den eigenen, privaten ChatGPT-Chat eingepflegt werden – dort erstmal nichts zu suchen haben.

Ein weiteres großes Thema, das die DeepSeek-App betrifft, ist Zensur: Es wurde berichtet, dass die App auf Fragen zu Tiananmeng ausweichend und auf solche zu Taiwan regierungskonform antwortet.[14] Dabei handelt es sich vermutlich um dem Modell ex post angefügte *system prompts*, also um in die App eingebaute Extraanweisungen, die recht explizit und krude sein können, etwa: »Wenn der Input ›Tiananmeng-Platz‹ und ›4. Juni 1989‹ enthält, soll der Output sein ›Ich weiß es nicht. Sprechen wir über etwas anderes‹«. Wie das genau funktioniert, wurde aber nicht offengelegt.

Interessant war der US-amerikanische Diskurs darüber, dass in DeepSeek »chinesische Werte« eingebaut seien und dass es deswegen keine objektiven Antworten liefern könne. Natürlich ist es so, dass kein Sprachmodell objektive Antworten produzieren kann – es kann den objektiven Antwortautomaten nicht geben – und in jedem Sprachmodell irgendwelche Werte eingebaut sind, einerseits schon über die Trainingsdaten, andererseits durch ex post angefügte Zusatzanweisungen in Form von *system prompts*.[15] Bloß scheint es manche US-amerikanische Kommentatoren erst dann zu stören, wenn es nicht die »eigenen Werte« sind, sondern fremde, die sichtbar werden.

Rezeption

Mindestens so interessant wie die technischen Feinheiten von DeepSeek ist das,

12 Vgl. Ivan Mehta, *DeepSeek reaches No. 1 on US Play Store*. In: *TechCrunch* vom 28. Januar 2025 (techcrunch.com/2025/01/28/deepseek-reaches-no-1-on-us-play-store/).

13 Vgl. Sarah Basford Canales, *DeepSeek banned from Australian government devices amid national security concerns*. In: *Guardian* vom 4. Februar 2025 (www.theguardian.com/technology/2025/feb/04/deepseek-banned-from-australian-government-devices-over-national-security-concerns).

14 Vgl. Donna Lu, *We tried out DeepSeek. It worked well, until we asked it about Tiananmen Square and Taiwan*. In: *Guardian* vom 28. Januar 2025 (www.theguardian.com/technology/2025/jan/28/we-tried-out-deepseek-it-works-well-until-we-asked-it-about-tiananmen-square-and-taiwan).

15 Vgl. Paola Lopez, *KI-Kolumne. Über die Wahrheitseigenschaft*. In: *Merkur*, Nr. 908, Januar 2025.

was uns der Umgang mit seiner Veröffentlichung über die gegenwärtige US-amerikanische und europäische KI-Diskurskultur sagt. OpenAIs CEO Sam Altman etwa begann, sich darüber zu beschweren, dass DeepSeek den Prozess des *distilling* benutzt haben könnte, um OpenAIs *reasoning model* o1 als *teacher model* im Training von DeepSeeks R1 zu verwenden.[16] Dabei verkennt er die klare technische Raffinesse, die DeepSeek in ihren Begleit-Papers ausführte, bedient das Stereotyp von China als Nation der uninnovativen Nachmacher und postete schön passiv-aggressiv auf vormals Twitter: »it is (relatively) easy to copy something that you know works«.[17] DeepSeek habe R1 das Modell von OpenAI lauter Fragen stellen lassen, um so dessen Kapazitäten abzuzapfen. Das sei eine unrechtmäßige Beschaffung von Datenmaterial durch DeepSeek. Das Stichwort der unrechtmäßigen Datenbeschaffung ließ das Internet ausflippen. Kaum etwas ist absurder, als Altman dabei zuzusehen, wie er sich über geklaute Trainingsdaten echauffiert.[18]

Die Frage von Daten und ihrer Beschaffung mit Blick auf Urheberrecht ist ein Dauerthema, und OpenAI wird gerade von mehreren Seiten mit genau diesem Vorwurf verklagt.[19] Hätte OpenAI nur Daten verwendet, die nicht urheberrechtlich geschützt sind, gäbe es kein Produkt, und OpenAI streitet das nicht einmal ab. Mitte März 2025 schlug OpenAI der US-Regierung eine »copyright strategy that promotes the freedom to learn« vor: »avoid forfeiting our AI lead to the PRC [People's Republic Of China] by preserving American AI models' ability to learn from copyrighted material«.[20] Diese von vielen Seiten als klar unrechtmäßig befundene »freedom to learn from copyrighted material« – ein schöner Euphemismus für das Abgrasen des gesamten Internets, um es für das Training eines proprietären Produkts zu verwenden – soll also gefördert werden. Und warum? Weil China.

Sehr amüsant ist auch die Reaktion Marc Andreessens, »one of the loudest mouths« des Silicon Valley,[21] gewesen. Er schrieb am 24. Januar auf vormals Twitter: »Deepseek [sic] R1 is one of the most amaz-

16 Vgl. Mark Sweney / Dan Milmo, *OpenAI »reviewing« allegations that its AI models were used to make DeepSeek*. In: *Guardian* vom 29. Januar 2025 (www.theguardian.com/technology/2025/jan/29/openai-chatgpt-deepseek-china-us-ai-models).

17 Sam Altman auf (ehemals) Twitter am 27. Dezember 2024 (x.com/sama/status/1872664379608727589). Zit. n. Jason Koebler, *OpenAI Furious DeepSeek Might Have Stolen All the Data OpenAI Stole From Us*. In: *404media* vom 29. Januar 2025 (www.404media.co/openai-furious-deepseek-might-have-stolen-all-the-data-openai-stole-from-us/).

18 Vgl. Tim Marcin, *OpenAI accuses Chinese competitor DeepSeek of stealing data, internet digs into the »irony«*. In: *Mashable* vom 29. Januar 2025 (mashable.com/article/internet-reactions-jokes-openai-deepseek).

19 Vgl. Mark Sweney, *From Rupert Murdoch to Thom Yorke: the growing backlash to AI*. In: *Guardian* vom 25. Oktober 2025 (www.theguardian.com/technology/2024/oct/25/unjust-threat-murdoch-and-artists-align-in-fight-over-ai-content-scraping).

20 OpenAI, *OpenAI's proposals for the U.S. AI Action Plan*. In: *OpenAI.com* vom 13. März 2025 (openai.com/global-affairs/openai-proposals-for-the-us-ai-action-plan/).

21 John Naughton, *DeepSeek: cheap, powerful Chinese AI for all. What could possibly go wrong?* In: *Guardian* vom 1. Februar 2025 (www.theguardian.com/technology/2025/feb/01/ai-deepseek-cheap-china-google-apple).

ing and impressive breakthroughs I've ever seen – and as open source, a profound gift to the world«, zusammen mit einem Roboter-Emoji und einem salutierenden Emoji. Ohne Kontext ist Andreessens Reaktion nichts Besonderes. Spannend wird es, wenn man weiß, wie er sonst die KI-Entwicklung in China als apokalyptisches Szenario und damit als Sprungbrett seines KI-Lobbying zeichnet.

So schrieb er 2023 in einem Blogpost mit dem Titel »AI will save the world« über das »scariest« Risiko von KI: »The single greatest risk of AI is that China wins global AI dominance and we – the United States and the West – do not.«[22] So weit seine Risikodiagnose. Als Gegenstrategie schlägt er, seinerseits Venture-Kapitalist und freudiger KI-Investor,[23] vor: »Rather than allowing ungrounded panics around killer AI, ›harmful‹ AI, job-destroying AI, and inequality-generating AI to put us on our back feet, we in the United States and the West should lean into AI as hard as we possibly can.« Wir sollten also jede Regulierung bleiben lassen und alles, was geht, in die Entwicklung von KI buttern, wovon nicht zuletzt er besonders profitieren würde. Es gibt also die Bösen und die Guten, und damit die Bösen nicht schneller sind im Bauen von böser Technologie, sollen wir, die Guten, selbst schneller sein im Bauen von böser Technologie. Nochmal ganz explizit: »We should seek to win the race to global AI technological superiority and ensure that China does not.«

Und was ist mit der Apokalypse, die durch die Veröffentlichung von DeepSeek hätte eintreten sollen? Der Nasdaq Composite Aktienindex mit Technologieschwerpunkt stürzte ab, und US-amerikanische Technologieunternehmen verloren Milliarden: Der Marktwert von Nvidia, des Unternehmens, das GPUs produziert, fiel so schnell und stark wie nie zuvor der eines US-amerikanischen Unternehmens.[24]

In Europa fand ausgerechnet wenige Tage nach dem DeepSeek-Aufruhr der »AI Action Summit« in Paris statt. Dort wurde die Initiative »InvestAI« vorgestellt. Der Pressemitteilung der Europäischen Kommission lässt sich entnehmen: »Aus dem EU-Fonds »InvestAI« werden vier künftige KI-Gigafabriken in der gesamten EU finanziert. Die neuen KI-Gigafabriken werden auf das Training der komplexesten sehr großen KI-Modelle spezialisiert sein.«[25]

Natürlich ist es so, dass nicht innerhalb weniger Tage nach Veröffentlichung von DeepSeeks Modellen gute Reaktionsstrategien aus dem Boden gestampft werden können, doch die Stoßrichtung, mit der auf »sehr große KI-Modelle« und »Gigafabriken« mit 100 000 GPUs abgezielt wird, scheint mit Blick auf DeepSeek kolossal daneben. Wo sind die breiten Initiativen und Ausschreibungen zur Förderung von kleinen, nachhaltigeren und vergleichsweise kostengünstigen Modellen? Kleinere Mo-

22 Marc Andreessen, *Why AI Will Save The World*. In: *a16z.com* vom 6. Juni 2023 (a16z.com/ai-will-save-the-world/).

23 Die Investments sind einsehbar unter: a16z.com/ai/

24 Vgl. Dan Milmo u.a., *»Sputnik moment«: $1tn wiped off US stocks after Chinese firm unveils AI chatbot*. In: *Guardian* vom 28. Januar 2025 (www.theguardian.com/business/2025/jan/27/tech-shares-asia-europe-fall-china-ai-deepseek).

25 Pressemitteilung der Europäischen Kommission vom 11. Februar 2025 (ec.europa.eu/commission/presscorner/detail/de/ip_25_467).

delle, die lokal auf eigenen Rechnern laufen können, verbrauchen weniger Energie, verschwenden weniger Wasser und sind datenschutzrechtlich weniger bedenklich. Jetzt könnte die Zeit sein, sich von dem »Mehr ist mehr«-Gerede um KI endgültig abzuwenden und das Rennen um das kleinste Sprachmodell zu starten.

Philosophiekolumne

Eine Sache des Volkes

Von Gunnar Hindrichs

I

Populismus ist das Andere der bürgerlichen Gesellschaft. Von ihm sieht sie sich heimgesucht, vor ihm gerät sie in Panik, gegen ihn beschwört sie ihre Wehrhaftigkeit, über ihn zieht sie vom Leder, an ihm vergewissert sie sich ihrer geistig-moralischen Überlegenheit. Populismus ist eben das Andere der bürgerlichen Gesellschaft.

Jedenfalls der Gesellschaft, wie sie sich nach einem Zweiten Weltkrieg entwickelt hat. Ihre Kultur zeugt von Offenheit, Lebensart, liberalem Geschmack. Ihre Politik besitzt Legitimität durch Verfahren, zeigt Sachverstand und Augenmaß. Ihre Protestformen sind Aufstände der Anständigen. Zwar drohten sie einmal in Formen der Massenmilitanz zu münden: vor Brokdorf, in Kreuzberg, an der Startbahn West. Aber auf sie reagierte Innere Sicherheit. Und die machte klar, dass der Protest, ja sogar der Widerstand ein gehegter Widerstand zu sein habe. »Protest ist, wenn ich sage, das und das paßt mir nicht. Widerstand ist, wenn ich dafür sorge, daß das, was mir nicht paßt, nicht mehr länger geschieht«, lautete Ulrike Meinhofs Merksatz.[1] Man betete ihn auch weiterhin nach. Aber er wurde um das Nötige angepasst, und Protest und Widerstand erfolgten von nun an in der Zivilgesellschaft: mit dem zwanglosen Zwang des besseren Arguments, im agonalen Handeln eines gehegten Wettstreits. Das wurde akzeptiert. Seither ist es so geblieben.

Zumindest was die Linke betrifft. Aktionen von rechts hingegen nahmen schon in den Achtzigern sehr andere Formen an – ohne dass auf sie mit Innerer Sicherheit reagiert worden wäre. Offenbar fühlte man sich nicht wirklich bedroht. Im neuen großen Deutschland, und nicht nur dort, verstärkten sich diese Formen dann. Aber zunächst kam es noch einmal zum Aufbäumen linken Massenprotests: in der Antiglobalisierungsbewegung. Er feierte Erfolge in Seattle 1999, rief den polizeilichen Bauchschusswaffengebrauch in Göteborg 2001 hervor, wurde im selben Jahr in Genua mit der staatlichen Erlegung eines Demonstranten bedacht. Das gab für eine Weile dem Konzept eines linken Populismus Futter. Ihm gemäß kämpft die Menge gegen die Herrschenden, ein »von unten« gegen ein »von oben«.[2] Von Klassen

1 Ulrike Meinhof, *Die Würde des Menschen ist antastbar. Aufsätze und Polemiken*. Berlin: Wagenbach 2004. Der Satz wurde vom Black Power Movement angeregt.

2 Ernesto Laclau, *On Populist Reason*. London: Verso 2005 (zumal Teil II).

und ihren Verhältnissen, wie in der älteren Linken, war hier eher am Rande zu hören. Stattdessen formierte sich ein umfassenderes, vielfältigeres Spektrum, das sich durch eine existenzielle, nicht mehr klassentheoretische Freund-Feind-Unterscheidung »von unten« gegen die »von oben« bestimmte, durchaus dezisionistisch.[3] Noch 2017 hallte dieser linke Populismus beim G20-Treffen in Hamburg nach.

Indessen wusste sich die Mehrzahl der Protestierenden selbst »von unten« weiterhin als ordentliche Mitglieder der Zivilgesellschaft. In Hamburg jedenfalls wurde sichtbar: Militant war vor allem die Staatsmacht und nur zu Teilen der Protest. So ist das bis heute geblieben – wie gesagt: auf der Linken. In einem diffusen Feld indessen, das mal skeptisch, mal querfrontlerisch, meist aber offen rechts auftritt, hat sich der Populismus eines anderen Handelns »von unten« gegen »von oben« entfaltet. Das ist der Populismus, von dem seit Jahren alle sprechen. Nicht nur in den europäischen Ländern beherrscht er die Straße, sitzt in den Parlamenten und bisweilen sogar in der Regierung. Die Zeitschriften widmen ihm Sonderhefte, die Soziologie rückt ihm mit Befragungen auf den Leib, die Anständigen schenken ihm Mahnwachen. Auf ihn schaut das »Etablierte« oder »Eliten« geschimpfte Lager herab: um dann dennoch mit ihm Bündnisse einzugehen. Denn inhaltlich lassen sich oft gar nicht so große Unterschiede erkennen. Immigrationseinschränkung, autoritären Liberalismus, Aufrüstung wollen die meisten. (Nur die Kriegsziele variieren.) Offenbar geht es Etablierten und Populisten programmatisch um eher graduelle Unterschiede.

Aber mindestens einen Grundunterschied gibt es. Er liegt eben in dem Gegensatz »von unten« vs. »von oben« – allerdings in nun verschobener Lesart. Das Handeln »von unten«, das der gegenwärtige Populismus verfolgt, besteht nicht mehr im Aufstand gegen »die Herrschenden«. Vielmehr besteht es im Aufstand gegen »die Eliten«, die statt durch Sozialstruktur durch einen Habitus gekennzeichnet sind: dass sie nur ihre eigene Suppe kochen, vom Leben der Menschen keine Ahnung haben, ihnen mit Verordnungen über Sitten, Sprache, Sexualität auf den Leib rücken und überhaupt den Willen des Volkes mit Füßen treten.

Im Ausdruck des wahren Volkswillens hingegen gründet die Legitimität des Populismus.[4] Über diesen Willen gibt es nicht viel zu debattieren – genauso wenig wie über die Frage, was denn das eigentlich sei, das Volk. Beides bildet vielmehr die Ausgangsbestimmtheit, von der das populistische Handeln sich getragen weiß. Gewiss gibt es Unterschiede im populistischen Lager, auch aus dessen Innensicht, und viel Streit herrscht dort ohnehin, gehässig wie in der Familie oder in der Nachbarschaft. Aber die Sachverhalte, dass es einen Willen *des* Volkes gibt und dass jede Absonderung diesen Willen missachtet, werden nicht infrage gestellt. Sie verleihen dem »von unten« vs. »von oben« eine neue, eigentümliche Wucht.

Eben diese neue Wucht mischt die Karten insgesamt neu. Jetzt gilt: Die populistischen Protestformen sind keine Aufstände

3 Chantal Mouffe, *For a Left Populism*. London: Verso 2018.

4 Eingängig Jan-Werner Müller, *Was ist Populismus? Ein Essay*. Berlin: Suhrkamp 2016.

der Anständigen mehr. Sie sind pöbelnd, kultur- und geschmacklos. Jetzt gilt: Die populistische Politik kommt ohne Augenmaß und Sachlichkeit aus. Mit unsinnigen Forderungen über die Stränge schlagen ist geradezu eines ihrer Markenzeichen, und auf Legitimität durch Verfahren verzichtet sie gerne. Sie geht andere Wege, hat sogar hämische Freude daran, die Verfahren von innen auszuhöhlen oder direkt gegen die Wand fahren zu lassen. Und jetzt gilt: So sehr ihre Anführer gutbürgerliche Personen sind, so sehr überschreiten sie Sitte und Lebensart. Sie sind offen beleidigend und geschmacklos. Denn Sitte, Lebensart, Sachlichkeit, Verfahren, Augenmaß, Kultur und Geschmack haben sich als Herrschaftsmittel der Eliten, die den Volkswillen mit Füßen treten, selbst desavouiert. Und so wurde der Populismus zur Heimsuchung der bürgerlichen Gesellschaft. Er ist eben ihr Anderes.

So scheint es. Auf den zweiten Blick aber wird deutlich: Der Anschein ermöglicht eine bequeme Verteilung. Er kennt hie die gute Gesellschaft, da die Wutbürger und Meinungssager. Und das ist für beide Seiten praktisch. Jene muss sich nicht infrage stellen, diese müssen sich nicht beweisen. So stützen sie sich und ihre Politikräume gegenseitig. Wir dürfen daher vermuten, dass in der enggeführten Krise die Sozialintegration – auch – durch ein Äquilibrium gewährleitet wird. Es besteht im Gleichgewicht aus vertrauter politischer Welt und Populismus. Die »Brandmauer«, von der in Deutschland gerne gesprochen wird, ist seine Achse. Offenbar braucht die bürgerliche Gesellschaft zur Zeit die Kräfte um diese Achse. Entsprechend wäre der Populismus nicht ihr Anderes, sondern ihr zweites Gesicht.

Zu übertrieben? Dann schauen wir einmal auf die politische Form der bürgerlichen Gesellschaft: die Republik. Sie macht einiges klarer.

II

Die Republik als die politische Form bürgerlicher Gesellschaft zu bezeichnen mag zunächst etwas stark klingen. Immerhin zeigt ihre Begriffsgeschichte eine große Bedeutungsreichweite. Aber der Kirchenvater des modernen Republikanismus formulierte nichts anderes. Denn als Machiavelli in den *Discorsi sopra la prima deca di Tito Livio* die Alternative »Republik oder Fürstenherrschaft« eröffnete, bezeugte er die Republik als Form der bürgerlichen Gesellschaft. Zwar erfolgte das avant la lettre. Denn geistesgeschichtlich besehen rückte seine Alternative bloß die griechische Triade »Monokratie, Aristokratie, Demokratie« samt ihren Verfallsarten »Tyrannis, Oligarchie, Ochlokratie« zugunsten der römischen Dyade »Republik – Prinzipat« in die zweite Linie. So hatte es ihn das Geschichtswerk des Titus Livius gelehrt. Doch sachlich veränderte sich dadurch die politische Form ums Ganze. Denn nun lassen sich monokratische, aristokratische, demokratische Momente sowohl in der Republik als auch in der Fürstenherrschaft entdecken, und die eigentliche Entscheidung besteht zwischen den letzten beiden.

Sie betrifft eben die bürgerliche Gesellschaft. Denn die Republik schafft Privilegien ab und ermöglicht bürgerliche Freiheit: durch Gesetze, die Auseinandersetzungen entspringen. Die Fürstenherrschaft hingegen beruht auf Vorrechten durch Geburt und Stand sowie auf Eingrenzung des politischen Streits zugunsten von Beratung und Regierung. Entsprechend schließen sich in der Republik die monokratischen, aristokratischen, demokratischen Momente neu zusammen. Statt eine bürgerliche Politik von Freiheit und Streit zu dämpfen, eröffnet eine republikanische Mischverfassung gerade jene Auseinandersetzungen, deren Gesetze aus und für bürgerliche Freiheit entstehen: weil ja auch die monokratischen, aristokratischen, demokratischen Momente sich miteinander auseinandersetzen und miteinander handeln müssen.

Kein Wunder daher, dass die Republik zum Inbegriff eines freiheitlichen Gemeinwesens wurde. Man übersetzte das Fremdwort geradewegs als »Freistaat«. Und auch wenn die heutigen Verwaltungsstaaten von der frühneuzeitlichen Lage Oberitaliens weit entfernt sind, den Anspruch bürgerlicher Freiheit halten sie aufrecht. Sie verstehen sich als Republiken. Im 20. Jahrhundert fochten sie das aus: gegen die Zerstörung der Republik in den faschistischen Bewegungen, aber auch gegen die Aufhebung der Republik in – sozialistische Republiken.

Bekanntlich nahm ja der Sozialismus vom Republikkonzept keineswegs Abschied. Vielmehr wollte er es aus der Ermöglichung bürgerlicher Freiheit in die Ermöglichung klassenloser Freiheit verwandeln. Allein, aus der Sicht der bürgerlichen Gesellschaft fiel dieser neue Freiheitsbegriff hinter die Politik von Freiheit und Streit zurück. Sie verstand die sozialistischen Republiken als Scheinrepubliken, nämlich Einparteienstaaten neuer Privilegien, Rechtlosigkeiten, Wortverbote. Das widersprach Machiavellis Freiheit einer Gesetzgebung aus öffentlicher Auseinandersetzung. Entsprechend grenzte sich die Republik der bürgerlichen Gesellschaft nicht nur gegen die Fürstenherrschaft der Vergangenheit und den Behemoth der Gegenwart ab. Sie wandte sich auch gegen die klassenlose Gesellschaft einer dräuenden Zukunft.

Wie man weiß, scheiterte beides, faschistische Republikzerstörung wie sozialistische Republikaufhebung. Die Republik der bürgerlichen Gesellschaft behauptete sich und fasste die zwei Gegenkonzepte unter dem Begriff des Totalitären zusammen. Seither gilt: Die Republik ist der Möglichkeitsraum von Bürgerfreiheit.

III

Immer wieder hat das fortschrittliche Bürgertum seine Republik gegen die republikfeindliche Reaktion geltend gemacht. Man hielt »republikanische Reden«[5] und dachte über »Nation und Republik«[6] nach, um jene nicht mehr gegen diese auszuspielen. Und auch in der politischen Theorie gab und gibt es nicht nur die ideengeschichtlichen Anknüpfungen an Machiavelli, Harrington, Founding Fathers, die im Republikanismus eine Freiheit diesseits des Liberalismus suchen.[7] Es liegen auch sys-

5 Walter Jens, *Republikanische Reden*. München: Kindler 1976.

6 Jürgen Habermas (Hrsg.), *Stichworte zur »Geistigen Situation der Zeit«*. Bd. 1: *Nation und Republik*. Frankfurt: Suhrkamp 1979.

7 John G. A. Pocock, *The Machiavellian Moment. Florentine Political Thought and the Atlantic Republican Tradition*. Princeton University Press 1975; Quentin Skinner, *Liberty before Liberalism*. Cambridge University Press 1998; Philipp Hölzing, *Republikanismus. Geschichte und Theorie*. Stuttgart: Steiner 2014. Im Hintergrund stehen die älteren Studien des Exilanten

tematische Entwürfe vor – etwa der, im Anschluss an Kant eine noumenale Republik zu denken.[8] Hier wird die Republik als Geltungspol gesetzt, dessen Konstruktion die oft unrepublikanische Wirklichkeit orientieren soll. Da steckt bereits eine gewisse Enttäuschung drin, allerdings ohne die Waffen zu strecken. Stattdessen soll die Republik als Gedankending – »Noumenon« – die mangelhafte Republik unserer Erfahrung – das »Phänomenon« – normativ anleiten. So wollte es die kantische Konzeption, und deren konstruktivistische Umdeutung führt es weiter.

Ersichtlich gehört diese Linie zur offenen, zivilgesellschaftlichen Bürgerlichkeit. Sie ist die Linie der Anständigen. Vor solchem Hintergrund fällt auf, dass bereits vor zwanzig Jahren eine Republiklehre von rechts außen formuliert wurde. Sie versteht die Republik als die Sache eines homogenen Volkes: gegen Parteien, Eliten, Überfremdung. Widerspricht das nicht der republikanischen Liberalität? Die Verwunderung steigert sich noch angesichts einiger Autoritäten, auf denen jene Lehre beruht: Karl Jaspers, Dolf Sternberger, Hannah Arendt, Jürgen Habermas. Ihre Konzepte haben die Zivilgesellschaft mitbestimmt. Wie können ausgerechnet sie als Gewährsleute einer solchen Position dienen?

Gemeint ist Karl Albrecht Schachtschneiders eintausendzweihundertunddrei Seiten starke *Grundlegung einer Allgemeinen Republiklehre* aus dem Jahr 1994, ein »Beitrag zur Freiheits-, Rechts- und Staatslehre«.[9] Der Autor war damals Ordinarius für Öffentliches Recht an der Universität Erlangen-Nürnberg. Sein Buch beginnt mit einer Widmung an den Vater – »Schüler Luthers und Heideggers, in Dankbarkeit für seine Predigten und Tischgespräche« – und endet mit einem Kapitel gegen Ausländerwahlrecht. »Vor allem gilt der Respekt unserem Bundesverfassungsgericht, das seit Jahrzehnten die geistige Führung in der Rechtslehre behauptet und dringend der Hilfe bedarf«, sagt das Vorwort. Hier will jemand die geistige Führung führen. Redundant und schlecht organisiert ist das Buch auch noch. Zwischen all dem aber steckt ein bedeutender Entwurf, der die Ambivalenz der Republik bezeugt. Er begründet sie als den Möglichkeitsraum einer homogenen Gesellschaft.

Die Themen des Buches geben bereits Einblick in das Argument. Nach einer allgemeinen republikanischen Orientierung wird der Widerspruch von Freiheit und Herrschaft gegen die Volksherrschaft gekehrt. Demokratie ist eine Herrschaftsform und deshalb unrepublikanisch. Hiermit ist eine antidemokratische Spur gelegt. Zwar wird sie terminologisch immer wieder verwischt, indem einer republikanischen Demokratie – dem schlechten Istzustand – eine demokratische Republik – der

Hans Baron, *The Crisis of the Early Italian Renaissance. Civic Humanism and Republican Liberty in an Age of Classicism and Tyranny*. Princeton University Press 1955.

8 Rainer Forst, *Die noumenale Republik. Kritischer Konstruktivismus nach Kant*. Berlin: Suhrkamp 2021.

9 Karl Albrecht Schachtschneider, *Res publica res populi. Grundlegung einer Allgemeinen Republiklehre* (1994). – Soweit nicht anders angegeben, alle Zitate aus diesem Werk. Wichtige Ergänzungen geben ders., *Freiheit in der Republik* (2007); ders., *Souveränität. Grundlegung einer freiheitlichen Souveränitätslehre* (2015) Alle bei Duncker & Humblot in Berlin.

gute Sollzustand – entgegengestellt wird. Aber sachlich läuft sie durch den ganzen Gedankengang: durch Kapitel über die republikwidrige Unterscheidung von Staat und Gesellschaft, über den republikanischen Bürger, die republikanische Freiheit, die republikanische Rechtsstaatlichkeit, die republikanische Volksvertretung, die republikanische Gesetzgebung. Abgeschlossen wird das Ganze durch Darlegungen über die republikwidrige Parteienherrschaft und über die republikanische Homogenität. Stets geht es um ein Volk, das nicht herrscht, sondern sich auf bestimmte Weise identitär formiert (»sich gut regiert«) und dadurch ein republikanisches Volk bildet.

Dieses Argument ist nicht einfach nur irgendein Buch irgendeines Staatsrechtlers einer mittelfränkischen Universität. Vielmehr bietet es die durchdachte Artikulation einer Republik dar, die sich statt als Gegenteil des Populismus als dessen angemessene politische Form gestaltet – und das auf derselben Grundlage wie die Republik der Anständigen: als Raum des freien, öffentlichen, lebensweltlichen Miteinanderhandelns. Darum verrät das Argument mehr über die bürgerliche Republik, als ihr lieb sein mag. Schauen wir es also unbefangen an.

IV

Vor allem die Argumente gegen die Volksherrschaft, gegen die Trennung von Staat und Gesellschaft, gegen die Parteien und für die Homogenität sind von Belang. Sie lassen sich folgendermaßen auf den Punkt bringen.

»Demokratie« heißt bekanntlich »Volksherrschaft«. In der Republik – dem Freistaat – aber soll keine Herrschaft begründet werden, sondern eben Freiheit. Daher darf es republikanisch auch keine Volksherrschaft als Grundlage geben. Anders gesagt: Das Republikprinzip steht über dem Demokratieprinzip. Was beinhaltet dann Artikel 20 Abs. 2 (1) Grundgesetz »Alle Staatsgewalt geht vom Volke aus«? Keinesfalls eine Aussage über die Legitimation von Herrschaft. Vielmehr geht es um die Wirklichkeit politischer Freiheit. Sie besteht darin, dass das Volk die Staatsgewalt innehat, und solches Innehaben heißt, dass das Volk die Staatsgewalt mittelbar oder unmittelbar selber ausübt.

Nun gilt hier Habermas' Satz: »Das Volk, von dem alle staatlich organisierte Gewalt ausgehen soll, bildet kein Subjekt mit Willen und Bewußtsein.«[10] Das macht den Unterschied zwischen Demokratie und Republik noch deutlicher. In der Demokratie tritt nämlich das Volk sehr wohl als ein Subjekt auf, das bewusst und willentlich Herrschaft ausübt: über die, die der Mehrheitsmeinung nicht folgen. In der Republik hingegen bildet das Volk einen Bund freier Bürger, deren Willen und Bewusstsein sich im Miteinanderhandeln zum politischen Willen vermittelt, dessen Umsetzung dann als direkte und indirekte Ausübung von Staatsgewalt dieses Volkes erfolgt. Hiermit verbunden ist eine Konsensordnung, die sich nicht im Konflikt verschiedener Interessen vollzieht, sondern in der gemeinschaftlichen Orientierung am Wahren und für alle Richtigen. Auf diese Weise weicht die Herrschaft der

10 Jürgen Habermas, *Faktizität und Geltung. Beiträge zur Diskurstheorie des Rechts und des demokratischen Rechtsstaats*. Frankfurt: Suhrkamp 1992.

Mehrheit, die die Demokratie kennzeichnet, der konsensualen Erkenntnis politischer Wahrheit, die dann durch Gesetze umgesetzt wird.

Ist das anerkannt, so lässt sich, zweitens, die Trennung zwischen Staat und Gesellschaft aufheben. Mit der Trennung von Staat und Gesellschaft wird ein Bereich des menschlichen Lebens aus dem politischen Bereich ausgeklammert: Dem Staatsbürger tritt der Privatbürger gegenüber, dem Citoyen der Bourgeois. Wenn jedoch die Bürger in einer Konsensordnung im Blick aufs Rechte die Staatsgewalt durch Gesetze ausüben, dann gibt es keinen sinnvollen Unterschied zwischen einer politischen und einer vorpolitischen Sphäre mehr. Zwar bleibt der Staat funktional bestehen, insofern seine Gewalt weiterhin unwiderstehlich bleiben muss. Aber diese Funktionalität trennt keine politische von einer vorpolitischen Sphäre ab, da ja alles bürgerliche Handeln durch die staatlichen Gesetze bestimmt bleibt, die dem Blick aufs Rechte entspringen. Es geht in der Republik also nicht um die Abschaffung des Staates. Es geht vielmehr – gleichsam umgekehrt – um die Eindämmung privater Entpolitisierung. Hier verschanzt sich niemand im Privaten, weder in Verfolgung eigener Interessen noch in Verteidigung vorpolitischer Freiheiten. Freiheit ist vielmehr die Bürgerlichkeit des Bürgers, und sie besteht in der Gemeinschaft des Miteinanderhandelns. Entsprechend gilt die »Totalität des Politischen des gemeinsamen Lebens« (Schachtschneider). Der Bürger ist durchgängig Citoyen.

Auf dieser Totalität des Politischen begründet sich, drittens, der Kampf gegen die Parteien. Parteien sind nichts anderes als Instrumente einer Herrschaft von Menschen über Menschen. Solange sie die Grundgliederung des politischen Lebens bilden, bleiben die Menschen daher Untertanen. Auch in ihrer inneren Verfasstheit widersprechen Parteien dem republikanischen Geist. Sie sind oligarchisch strukturiert, führen eine Negativauslese unselbständiger Zufallsklüngel durch, setzen Geschlossenheit statt Öffentlichkeit in Kraft, leben aus Ämterpatronage. Und nicht zuletzt widerspricht ihre Doppelnatur, zugleich Streithammelherde und Kartell zu sein, dem Prinzip der guten republikanischen Regierung: Eintracht im gemeinschaftlichen Bemühen um das Wahre und Rechte – lebendig im Streit, aber ohne Kampf und Sieger. Gegen die Parteienherrschaft muss daher der freie öffentliche Diskurs mit dem »zwanglosen Zwang des besseren Arguments«[11] in Orientierung an der »Erkenntnis dessen, was für das gute Leben aller in allgemeiner Freiheit richtig ist« (Schachtschneider), eintreten. Das können nur Menschen, die geistig und sittlich eine gewisse Formung erlangt haben. Die Republik erzeugt daher statt Parteienoligarchie eine bürgerliche Aristokratie: die Besten, die in freier, konsensualer Diskussion Gesetze einsichtig entscheiden.

Und das führt uns zuletzt zum Zentralgedanken des Ganzen: die republikanische Homogenität. Sie ist die Grundvoraussetzung von allem. Ohne Homogenität würde die republikanische Politik, die die Bürger, repräsentiert von ihren Besten, um der Konsensordnung des rechten und guten Lebens willen vollziehen, zerfallen: in Parteien, in Staat und Gesellschaft, in legitime

11 Jürgen Habermas, *Der philosophische Diskurs der Moderne. Zwölf Vorlesungen*. Frankfurt: Suhrkamp 1985.

Herrschaft und deren Untertanen. Denn: »Das gegenseitige Verstehen und übereinstimmende Erkennen des Wahren und Richtigen, kommunikativer Diskurs und Konsens [...] sind nur möglich, wenn die Gruppe, die auf die Regelung, wie das Volk auf das Gesetz, angewiesen ist, spezifisch homogen ist.« Auch hier dient Habermas als Autorität. Hören wir ihn selbst (in *Faktizität und Geltung*): »Die demokratische Staatsbürgerschaft braucht nicht in der nationalen Identität eines Volkes verwurzelt zu sein; unangesehen der Vielfalt verschiedener kultureller Lebensformen verlangt sie aber die Sozialisation aller Staatsbürger in einer gemeinsamen Kultur.« Diese gemeinsame Kultur bildet die republikanische Homogenität. Und worauf beruht sie? Für Schachtschneider auf dem »gewachsenen Volk«. Ein gewachsenes Volk ist nicht starr. Es verändert sich und kennt seine Erneuerung, auch durch Zuzug. Doch die Kulturgemeinschaft muss erhalten bleiben: im Horizont des gewachsenen, wachsenden Volkes. Sonst droht »Kulturpluralismus«.

Nun wird auch der Titel verständlich, unter dem das alles steht: *Res Publica Res Populi*. Auf Deutsch: Die öffentliche Sache – die Republik – ist die Sache des Volkes. Nach dem umrissenen Argument muss sie das sein, weil die Homogenität des Volkes die Voraussetzung der Konsensordnung bürgerlichen Verständigungshandelns bildet. Daran beschädigt auch die Bestenauslese nichts, die aus gemeinschaftlicher Erkenntnis des Richtigen heraus regiert. Denn hier treten keine Eliten die Lebensformen des Volkes mit Füßen. Vielmehr sind die Parteiungen der Eliten – Oligarchie einer Negativauslese – zergangen: durch die Totalität des Politischen eines homogenen Volkslebens, das sein gutes Leben seinen Besten anvertraut. Wenn aber im Ausdruck des wahren Volkswillens der Populismus gründet, dann kann man das mit gutem Grund eine populistische Republik nennen. Die Republik ist eben die Sache des Volkes – *res publica res populi*.

V

Treten wir einen Schritt zurück. Die betrachtete Republiktheorie artikuliert auf unvertraute Weise etwas Vertrautes: die Zivilgesellschaft.

Die Eigenbestimmtheit der Zivilgesellschaft besteht aus den vier diskurstheoretischen Normen »Inklusivität«, »Aufrichtigkeit«, »Zwanglosigkeit«, »Gleichverteilung kommunikativer Freiheit«, die sich mit der Lebenswelt einer moralischen Gemeinschaft verbinden, um zu existenziellen Forderungen zu werden.[12] Auf Grundlage solcher Forderungen gestaltet sich diese Gemeinschaft und wehrt sich gegen die instrumentelle Vernunft funktionaler Systeme. Indessen ist hier keineswegs festgelegt, was das Gemeinsame einer moralischen Gemeinschaft ist. Normalerweise wird aus jenen Forderungen der Schluss auf Heterogenität sowie deren Ansprüche an Recht, Bildung, Kultur gezogen. Sachlich aber kann das Gemeinsame genauso gut in der Homogenität des Volkes bestehen. Denn die Homogenität des Volkes würde die Diskursnormen nicht verletzen. Aufrichtigkeit, Zwanglosigkeit, Gleichver-

12 Grundlegend Jürgen Habermas, *Zur Architektonik der Diskursdifferenzierung. Kleine Replik auf eine große Auseinandersetzung*. In: Ders., *Philosophische Texte III*. Frankfurt: Suhrkamp 1999.

teilung kommunikativer Freiheit können in der moralischen Gemeinschaft eines homogenen Volkes verwirklicht werden, und die Inklusion kann eben darin bestehen, sich zu homogenisieren. Es bedarf daher nur dieser kleinen, weitreichenden Verschiebung, um die Zivilgesellschaft zu jener Totalität des Politischen zu machen, die die Gemeinschaft, in der Inklusivität, Aufrichtigkeit, Zwanglosigkeit, Gleichverteilung kommunikativer Freiheit zu existenziellen Forderungen werden, in einem homogenen Volk liegen sieht.

Entsprechend plaudert die Republiklehre von rechts außen die Wahrheit über die politische Formation der Zivilgesellschaft aus. Und folglich trägt die Republik insgesamt ein Doppelgesicht. Einerseits bildet sie den Raum der Anständigen, anderseits bildet sie den Raum des Populismus. Natürlich ist beides nicht dasselbe. Das eine ermöglicht eine Politik reglementierter Kommunikation, die sich gegen die Verletzung von Normen und Ansprüchen richtet; das andere ermöglicht eine Politik gemeinschaftlicher Homogenität, die sich »von unten« gegen die Parteienherrschaft der Eliten richtet, die »von oben« ihre Interessen verfolgen, anstatt eine sachgerechte Regierung der Besten des Volkes zuzulassen. Und das eine hält sich an Vorstellungen einer Volksherrschaft, wie immer auch es sie verstümmelt, während das andere die Demokratie offen in die zweite Reihe stellt, um sie durch eine populäre Regierung derer zu ersetzen, denen man Einsicht in die Dinge zutraut.

Aber beide Arten stehen auf demselben Grund. Er lautet auf die Zivilgesellschaft selbst. Sie besitzt eben zwei mögliche Entfaltungen. Und darum findet die bürgerliche Gesellschaft im Populismus nicht ihr Anderes. Sie begegnet in ihm nur der zweiten Seite ihrer politischen Eigenform, der Republik. All ihre Heimsuchung, Panik, Wehrhaftigkeit, Überlegenheit bilden deshalb zuletzt Verdrängungsgefuchtel.

VI

Man muss noch einmal über den Titel der populistischen Republik sprechen: *Res publica res populi*. Die Formulierung stammt aus Ciceros politikphilosophischem Hauptwerk *De re publica*. Was steckt in ihr?

Wörtlich heißt *res publica* »öffentliche Sache«, und die Formel definiert: »Die öffentliche Sache ist die Sache des Volkes.« Ersichtlich wird hier eine Unbekannte mit einer anderen Unbekannten bestimmt. Denn wenn das Öffentliche eine Angelegenheit des Volkes ist, was ist dann ein Volk? Cicero beeilt sich und fügt sogleich eine Erklärung an: »Volk aber ist nicht jede irgendwie zusammengescharte Versammlung von Menschen, sondern eine, die durch Rechtsübereinstimmung und Nutzengemeinschaft einer Menge vergesellschaftet ist. Die Erstursache für sie aber liegt nicht so sehr in der Schwäche der Menschen als vielmehr in ihrer gleichsam natürlichen Gesellung.«[13]

Leitend sind hier vier Begriffe: Recht, Nutzen, Menge, natürliche Gesellung. Sie verweisen auf stoisches Erbe. Recht ist nicht nur das gesatzte Recht des Gemeinwesens, sondern auch das Naturrecht, das

13 Für die Lateinerinnen: »Populus autem non omnis hominum coetus quoquo modo congregatus, sed coetus multitudinis iuris consensu et utilitatis communione sociatus. Eius autem prima causa coeundi est non tam inbecillitas quam naturalis quaedam hominum quasi congregatio.«

den gesamten Kosmos als Rechtsgemeinschaft bestimmt. Von einem Volk zu sprechen bedeutet also, von einem Konsens über natürliche und politische Rechtsgrundlagen zu sprechen. Nutzen wiederum gehört zum ontologischen Konzept der Selbsterhaltung. Es besagt: Ein Mensch zu sein heiße, sich sein Sein im Gesamtzusammenhang des Kosmos anzueignen. Entsprechend besteht der Nutzen von Dingen in ihrem Beitrag dazu, die Selbstaneignung des Menschseins zu fördern. Von der Menge zu sprechen macht sodann klar: Eine Gesellschaft ist kein systemisches Gefüge, und sie ist auch kein Zusammenleben einer Masse. Statt Anhäufung (Masse) oder Funktionalität (System) besteht sie im konkreten Miteinanderleben. Und nach diesen drei Punkten kann zuletzt der ganze Komplex als ein Komplex natürlicher Gesellung verstanden werden. Entsprechend gründet er im menschlichen Sein, das sich auf der Grundlage natürlichen und politischen Rechts im konkreten Miteinanderleben sich selbst aneignet.

Das also ist eine Republik nach Cicero: die Sache des Volkes, wie es in dem umrissenen Komplex bestimmt ist. Wir haben es mit keinem Normengefüge, keinem kommunikativen Prozess, keiner entlastenden Institution, keinem Instrument zu tun. Vielmehr errichtet die Republik den stets anzueignenden, niemals fertigen, aber seinsmäßigen Möglichkeitsraum menschlicher Selbstaneignung im rechten Miteinander unter natürlichen und gesatzten Rechten.

Nun bildet eine solche Republik keine politische Form einer besonderen geschichtlichen Lage. Sie ist ja ein Stück Ontologie. Diese Eigenart führt uns wiederum auf die besondere geschichtliche Lage, in der jenes Stück übergeschichtlicher Ontologie dargestellt wurde. Christian Meier hat eindringlich gezeigt, wie sehr Ciceros vehemente Verteidigung der Republik zu deren Scheitern beitrug – und zwar genau aus dem Grund, dass ihm der Gedanke, etwas Gegenwärtiges sei überholt, nicht denkbar war. Meier: »Wie sollte man darauf kommen, daß dieses Sein keine Zukunft mehr hatte?«[14] Anders gesagt: Die Ontologie gewährte in der Gegenwart beständiges Sein. Deshalb konnte Cicero nicht über die Krise der Republik hinausdenken. Und deshalb bildete Ciceros republikanisches Denken ein Moment jener Krise ohne Alternative, die schließlich zum Untergang der Republik, zur *res publica amissa*, führte. Genau dieser Komplex steckt in dem Satz *res publica res populi*. Sein ontologischer Gehalt beschwört ein Sein, das man weder als Vergangenheit noch als Zukunft, sondern nur als Gegenwart denken kann.

Diesen Knoten trägt der Titel der populistischen Republiktheorie in sich. Unabhängig von dem, was sie unter ihm verhandelt, verrät er den Hellhörigen, dass die Republik hier wohl in den Zeiten der Krise beschworen wird. Und er erinnert sie daran, dass diese Krise auch eben der Republik inwendig ist, die man in der Krise zu verteidigen sucht. Dieses konzeptuelle Gepäck wird der Titel nicht los. Allerdings trägt er es nicht allein. Hüben wie drüben will man die Republik als politische Lebensform behaupten: sei es der heterogenen, sei es der homogenen Zivilgesell-

14 Christian Meier, *Cicero. Das erfolgreiche Scheitern des Neulings in der alten Republik*. In: Ders., *Die Ohnmacht des allmächtigen Dictators Caesar. Drei biographische Skizzen*. Frankfurt: Suhrkamp 1980.

schaft. Aber die Verschiebung der einen in die andere zeigt, wie sehr diese Lebensform sich in sich selber verkeilt. Wie Cicero beschwört man darum etwas, das Moment der Krise ist, deren Bewältigung zu ermöglichen es vorgibt – ja etwas, das mitten ins politische Zentrum der Krise gehört, nämlich ihre politische Form selbst.

So gerät *res publica res populi* zum Schibboleth einer Politik in der Krise. Der die Wendung benutzte, wusste das nicht. Aber er tat es.

Urteile ohne Regel, Regel ohne Prinzip
Worüber in der Migrationspolitik (auch) zu diskutieren wäre

Von Andreas Funke

Ob es nun um Zurückweisungen an der deutschen Staatsgrenze, um »Pushbacks« an der europäischen Außengrenze, um Überstellungen innerhalb des europäischen Dublin-Systems oder um Abschiebungen in einen Drittstaat außerhalb der Europäischen Union geht: Die gegenwärtige Diskussion des Flüchtlingsrechts kreist um den Stellenwert eines individuellen Rechts auf Asyl. Hans-Eckhard Sommer, Präsident des Bundesamts für Migration und Flüchtlinge, hat jüngst vorgeschlagen, es abzuschaffen. Stattdessen sollen Kontingente von schutzbedürftigen Flüchtlingen festgelegt werden. Vor längerer Zeit schon hatte sich, mit gleicher Stoßrichtung, der CDU-Politiker Thorsten Frei dafür ausgesprochen, das Recht auf Asyl durch eine bloße institutionelle Garantie zu ersetzen. Unterstützung für diese Vorschläge kommt vom Konstanzer Migrationsrechtler Daniel Thym, unter anderem in seinem Buch *Migration steuern* von 2025.

Migrationsforscher sahen sich nun kürzlich veranlasst, im *Spiegel* den Status quo zu verteidigen. Sie beklagen, dass zunehmend offener die Abschaffung des Asylrechts diskutiert werde. Darin sehen sie eine Gefährdung der Menschenrechte. Ihnen folgten einige Tage später Sozialwissenschaftler in der *taz*.[1] Die Debatte personalisierend und zuspitzend, werfen sie insbesondere Thym vor, seine Position laufe auf eine Entrechtung von Migrierenden, auf eine selektive Geltung von Menschenrechten sowie auf eine Migrationspolitik hinaus, die über Leichen gehe.

Der Ausdruck »individuelles Recht auf Asyl« ist doppeldeutig. Man kann darunter eine Rechtsposition verstehen, die politisch Verfolgte in den Stand setzen würde, von einem bestimmten Staat oder der Staatengemeinschaft Aufenthalt zu beanspruchen, um Schutz vor Verfolgung zu finden. Eine solche starke Rechtsposition enthält das Völkerrecht nicht. Vielmehr greift ein ziemlich roher Mechanismus: Die Lage des Körpers ist alles. Wer sich räumlich an die Grenze, am besten hinter die Grenze eines Staates begibt, der Mitgliedstaat der Genfer Flüchtlingskonvention ist, und dort auf irgendeine Weise um Asyl nachsucht, erhält Schutz, sofern »sein Leben oder seine Freiheit wegen seiner Rasse, Religion, Staatsangehörigkeit, seiner Zugehörigkeit zu einer bestimmten sozialen Gruppe oder wegen seiner politischen Überzeugung bedroht« sind. Dies ist der Grundsatz des »non-refoulement«, der Nichtzurückweisung (Art. 33 Abs. 1).

Wenn also von einem »Recht auf Asyl« gesprochen wird, dann kann dies nur ein – schwaches – Recht darauf sein, aus den

1 Petra Bendel u.a., *Warum eine Migrationspolitik der Härte scheitern wird*. In: *Spiegel online* vom 11. April 2025; Sina Arnold / Stephan Lessenich / Maren Möhring, *Menschenrechte, aber nicht für alle*. In: *taz* vom 25. April 2025.

genannten Gründen *nicht zurückgewiesen* zu werden. Dieses Recht bildet den Kern des internationalen Flüchtlingsschutzes. Nicht anders funktioniert das Grundrecht auf Asyl, das Artikel 16a des Grundgesetzes enthält. Es ist gegenüber der Genfer Flüchtlingskonvention aber nahezu bedeutungslos. Vor über dreißig Jahren wurden Einschränkungen dieses Grundrechts beschlossen, die in der Praxis umfassend greifen. Vor allem kann sich nämlich darauf berufen, wer über einen sicheren Drittstaat einreist – und dies tun die meisten Schutzsuchenden, die Deutschland erreichen.

Hinter dem Non-Refoulement-Grundsatz der Genfer Flüchtlingskonvention steht insbesondere das Anliegen, nach dem Zweiten Weltkrieg in Europa für die sogenannten *displaced persons* ein Minimum an Schutz zu begründen. Die Verpflichtungen der Staaten aus der Genfer Konvention waren lange Zeit auf genau diese Verfolgungslagen bezogen. Erst im Jahr 1967 wurde in New York in einem Zusatzprotokoll zur Konvention vereinbart, den historischen Bezug aufzugeben. Die Konvention selbst blieb unverändert.

Es ist wichtig zu sehen, dass dem Grundsatz des Non-Refoulement verschiedene Abwägungen zugrunde liegen. So erkennt die Konvention überhaupt nur Verfolgung als Auslöser des Schutzes an, und diese Verfolgung muss auf bestimmten Motiven beruhen. Anfangs herrschte sogar noch die Vorstellung, bei politischer Verfolgung ginge es vor allem darum, bestimmte ideologische Hintergründe anzuerkennen beziehungsweise gerade nicht anzuerkennen – etwa Schutz vor kommunistischer Verfolgung –, aber dies spielte bald keine Rolle mehr.

Auch bei der Diskussion des Asyl-Artikels des Grundgesetzes im Parlamentarischen Rat waren solche Vorstellungen präsent. Eine Abwägung liegt dem Grundsatz des Non-Refoulement aber auch insofern zugrunde, als diesen Schutz nicht genießen kann, wer eine Gefahr für die Sicherheit des potenziellen Gaststaats darstellt, etwa indem er oder sie schwere Straftaten begangen hat (Art. 33 Abs. 2). Hier wird besonders deutlich, dass die Genfer Flüchtlingskonvention immer auch den Schutz der Souveränität asylgewährender Staaten vor Augen hat. Doch lässt sich durchaus sagen, dass dieser Schutz recht schwach ausgeprägt ist, weil die Staaten offenbar auf die Möglichkeit verzichtet haben, die Gewährung des Non-Refoulement jenseits der erwähnten Klausel zum Gegenstand einer politischen Steuerung zu machen.

Dies wird aber verständlich, wenn man sich die historische Situation sowohl des Jahres 1951 als auch 1967 – als das New Yorker Protokoll verabschiedet wurde – vor Augen führt. 1951 ging es »nur« um die Folgen des Zweiten Weltkriegs, also um ein an sich abgeschlossenes Geschehen, bei dem jeder Staat kalkulieren konnte, was auf ihn zukommen würde. Die Konvention war rechtliche Vergangenheitsbewältigung.[2] Und auch 1967 konnten die Staaten davon ausgehen, überschaubare Verpflichtungen zu übernehmen. Erstaunlicherweise wurde das Zusatzprotokoll in den Vereinten Nationen kaum diskutiert. Zwar gab es weltweit eine Reihe von Flüchtlingsbewegungen. Nur scheuten die maßgeblichen Akteure eine Grundsatzdebatte, zu der es

2 Jakob Schönhagen, *Geschichte der internationalen Asylpolitik 1945–1975*. Göttingen: Wallstein 2023.

in der Generalversammlung gekommen wäre, hätte die Konvention selbst auf dem Prüfstand gestanden. Ein gewisser Handlungsdruck entstand dadurch, dass afrikanische und asiatische Staaten eigene, regionale Abkommen zur Gewährung von Asyl ankündigten. Eine Zersplitterung des Flüchtlingsrechts drohte. Die westlichen Staaten, die das Protokoll letztlich unterzeichneten, waren zu jenem Zeitpunkt mit Fluchtbewegungen nicht konfrontiert. In den 1970er Jahren versuchte der Hohe Flüchtlingskommissar der Vereinten Nationen (UNHCR), eine echte Asylkonvention auf den Weg zu bringen, aber dies scheiterte.

Der mit der Genfer Flüchtlingskonvention begründete Schutz vor Verfolgung ist die eine von zwei großen Säulen, die das internationale Recht enthält. Die andere Säule ist, jedenfalls in Europa, mit der Europäischen Menschenrechtskonvention verbunden. Allerdings enthält die Konvention einen Grundsatz des Non-Refoulement nicht, schon gar nicht ein Recht auf Asyl im starken Sinne. Doch haben verschiedene Menschenrechte in ihrer Interpretation durch den Europäischen Gerichtshof für Menschenrechte eine erhebliche Wirkung für Fluchtkonstellationen entfaltet. Dabei geht es, anders als bei der Genfer Flüchtlingskonvention, nicht um die Anerkennung bestimmter Verfolgungsgründe.

Der Schutz durch die Menschenrechtskonvention setzt daran an, dass ein Konventionsstaat bestimmte Garantien der Konvention verletzt, wenn er eine Person in einen Staat zurückweist oder abschiebt, in dem das jeweils geschützte Interesse verletzt wird. So verletzt Italien das Verbot erniedrigender Behandlung, wenn es Flüchtlinge nach Libyen abschiebt und davon auszugehen ist, dass die Flüchtlinge dort unter menschenunwürdigen Bedingungen untergebracht werden. Ähnliches gilt für das Recht auf Persönlichkeit und Familie. Nach dem Gerichtshof greifen die Konventionsverpflichtungen sogar jenseits des Territoriums der Konventionsstaaten, sofern der Konventionsstaat effektive Kontrolle über aufgegriffene Personen ausübt. Praktisch betrifft dies insbesondere den Grenzschutz auf dem Mittelmeer.

Die zwei Säulen des internationalen Flüchtlingsschutzes laufen damit auf die Anwendung ein und desselben Mechanismus hinaus: Der Körper muss in Kontakt mit dem potenziellen Gaststaat gebracht werden. Beide Schutzsysteme verbinden dies im Übrigen mit bestimmten Verfahrensgarantien; den damit verbundenen Problemkomplex lasse ich im Folgenden außer Acht. Es soll nur um den genannten Mechanismus gehen. Ich meine, dass die Art und Weise seiner Anwendung unter den Bedingungen der Gegenwart tatsächlich überprüft werden sollte. Das soll nicht heißen, um dies vorweg zu sagen, dass er zwingend abgeschafft werden sollte. Aber er muss diskutiert und reflektiert werden, weil nämlich genau dies bislang zu wenig geschieht, und *das* ist das Problem.

Dies sei zunächst anhand der Rolle der Europäischen Menschenrechtskonvention näher erläutert. Keineswegs stehen die genannten Garantien der Konvention, also vor allem der Schutz vor Folter und erniedrigender Behandlung (Art. 3) und der Schutz des Privat- und Familienlebens (Art. 8), als solche zur Debatte. Aber es ist wichtig zu sehen, dass die Garantien in der Rechtsprechung durch den Europäischen Gerichtshof wie der Grundsatz des

Non-Refoulement *wirken*. In diesem Sinne werden sie in der Praxis und in der Wissenschaft häufig auch herangezogen. Die Wirkung des Non-Refoulement ist im jeweils vom Gerichtshof entschiedenen Einzelfall eigentlich kaum zu kritisieren, auch wenn die Begründung der einen oder anderen Entscheidung nicht immer überzeugt. Aber das liegt oft daran, dass der Gerichtshof heterogen besetzt ist und die Entscheidungsbegründungen Kompromisscharakter tragen.

Dass der Gerichtshof den jeweiligen Einzelfall richtig entscheidet, bedeutet allerdings nicht, dass die Gesamttendenz ohne Weiteres Zustimmung verdient. Sie steht im Widerspruch dazu, dass die Konvention einen Schutz vor Verfolgung nun einmal nicht enthält. Die zahlreichen Entscheidungen des Europäischen Gerichtshofs können sich, so gesehen, nicht auf eine Regel stützen. Es sind Puzzleteile, von denen man sicherlich sagen kann, dass sie zusammenpassen; aber niemand hat ein Bild darauf gezeichnet. Völkerrechtlich lässt sich die Rechtsprechung zwar legitimieren (über das Institut der nachfolgenden Vertragspraxis). Die Konvention gilt als »living instrument«. Aber der Zusammenhang der Rechtsprechung zur deliberativen Verständigung in den Konventionsstaaten ist damit außerordentlich dünn. Die spezifische fluchtbezogene Funktionalität der Europäischen Menschenrechtskonvention war nie Gegenstand demokratischer Prozesse, und dies, obwohl sie von so hoher politischer Relevanz ist.

Demgegenüber enthält die Genfer Flüchtlingskonvention an sich jene Regel, die die Europäische Menschenrechtskonvention vermissen lässt, eben den Grundsatz des Non-Refoulement. Was aber dieser Regel in ihrer gegenwärtigen Anwendungspraxis fehlt, ist eine prinzipienbasierte Rechtfertigung. Das Defizit liegt nun also nicht, so wie bei der Europäischen Menschenrechtskonvention, in einer Rechtsprechung ohne Regel, sondern, zugespitzt, in einer Regel ohne Prinzip.

Dies wird insbesondere deutlich, wenn die Umstände der bereits erwähnten Loslösung der Genfer Flüchtlingskonvention von ihrem historischen Ursprung beleuchtet werden. Als dreißig Konventionsstaaten im Jahr 1967 dem New Yorker Protokoll zustimmten, erfolgte dies vor dem Hintergrund einer Situation, in der den Staaten wiederum relativ klar vor Augen stand, welche Bedeutung die Konvention für sie haben würde: keine sonderlich große. Das weltweite Flüchtlingsgeschehen jener Zeit ist mit dem heutigen Flüchtlingsgeschehen nicht zu vergleichen. Die zahlenmäßige Entwicklung des weltweiten Fluchtgeschehens verdeutlicht das. Für das Jahr 1967 sind keine verlässlichen Erhebungen verfügbar. Im Jahr 2000 gab es gemäß der Statistik des UNHCR weltweit 38,1 Millionen Flüchtlinge »forced displacements« in der Terminologie des UNHCR). Im Oktober 1999 hatte der Europäische Rat im finnischen Tampere beschlossen, in Europa einen »Raum der Freiheit, der Sicherheit und des Rechts« einzurichten. Ein wichtiger Teil dieses Konzepts ist das Gemeinsame Europäische Asylsystem. Es soll sicherstellen, dass die EU-Mitgliedstaaten ihre Verpflichtungen aus der Genfer Flüchtlingskonvention erfüllen.

Im Jahr 2012 waren es 42,7 Millionen, danach stiegen die Zahlen deutlich an. Für das Jahr 2024 zählte der UNHCR 122,6 Millionen Flüchtlinge. Natürlich spielt sich der größte Anteil des mit diesen

Zahlen erfassten Fluchtgeschehens außerhalb Europas ab. Hinter dieser Entwicklung stehen verschiedene Dynamisierungsfaktoren. Bewaffnete Konflikte nehmen zu. Fluchtgründe haben sich verändert. So fliehen heutzutage viele Menschen vor Umweltzerstörung und den Folgen des Klimawandels. Außerdem haben die in der Genfer Flüchtlingskonvention ausdrücklich statuierten Fluchtgründe eine gewisse Expansion erfahren. So können beispielsweise Homosexuelle als Mitglieder einer sozialen Gruppe verfolgt werden.

Es besteht also eine beträchtliche Diskrepanz zwischen der heutigen Anwendungspraxis der Genfer Flüchtlingskonvention, gerade in der Europäischen Union, auf der einen Seite, und ihren historischen Wurzeln auf der anderen Seite. Der Grundsatz des Non-Refoulement hat sich zu einem breitflächig wirksamen Instrument entwickelt, das eine Vielzahl lokaler wie globaler Probleme (Armut, Umweltzerstörung, Klimawandel, politische Verfolgung, Verfolgung wegen der sexuellen Orientierung, Kinderarbeit usw.) bewältigen muss. Diese Probleme werden im Flüchtlingsrecht nicht als solche adressiert, sondern von der Seite derjenigen, die individuell davon betroffen sind.

Ein anschauliches Beispiel hierfür ist eine Entscheidung des Europäischen Gerichtshofs vom Oktober 2024. Demnach werden afghanische Frauen aufgrund ihrer Eigenschaft, Frau zu sein, von den Taliban als Gruppe verfolgt. Die Verfolgungshandlungen kumulieren sich zu einer furchtbaren Lagebeschreibung: kein Zugang zu gesundheitlicher Versorgung, zum politischen Leben oder zu Bildungseinrichtungen, Einschränkungen beruflicher und sportlicher Betätigung, Behinderung der Bewegungsfreiheit und der Freiheit, sich zu kleiden. Frauen werden als Frauen aus der Zivilgesellschaft ausgeschlossen, so der Gerichtshof. Die Entscheidung des Europäischen Gerichtshofs ordnet sich schlüssig in die bisherige Rechtsprechung ein. Aber der Hälfte der Bevölkerung eines Staates die Flucht anzubieten, um sie vor massiven Menschenrechtsverletzungen zu schützen, kann nur als Ausdruck einer Hilflosigkeit begriffen werden, die sich verständlicherweise mit dem Nichtstun nicht zufrieden geben möchte. Innerstaatliche Diskriminierung in Afghanistan wird im Gewand des Flüchtlingsrechts zu einem Problem der europäischen Migrationspolitik.

Neben solche Problemverlagerungen tritt das hochselektive, auf das zufällige Gelingen einer oft gefahrvollen Flucht abstellende Operieren des Flüchtlingsrechts. Nur diejenigen werden geschützt, die ihren Körper hinter die Grenze eines Gaststaates bringen können. Wenn den aktuellen Änderungsvorschlägen vorgeworfen wird, sie zielten auf eine Selektion von Flüchtlingen, so täuscht dies darüber hinweg, dass auch die aktuelle Lage faktisch auf Auswahlentscheidungen beruht.

All dies zeigt: Die Abwägungen, die dem Genfer Grundsatz des Non-Refoulement in einer Lage zugrunde lagen, die noch recht überschaubar war, haben sich verbraucht. Es geht heute nicht mehr um den Schutz von Menschen, die sich schon in einem potenziellen Schutzstaat befinden. Stattdessen deckt der Grundsatz in der Gegenwart den Schutz einer Vielzahl von Menschen ab, ohne dass man klar sagen könnte, welche Prinzipien der Begründung wie auch der Begrenzung dieses Schutzes zugrunde liegen. Sollen Personen

Aufnahme finden, die aus bestimmten Gründen verfolgt werden? Welche Gründe sollen das sein? Wäre es vorzugswürdig, die Verletzung bestimmter Menschenrechte – Folterverbot, Recht auf Leben etwa – in den Mittelpunkt zu stellen, ohne dass es auf eine Verfolgung ankommt? Wie stark soll die Verknüpfung des Aufenthaltsrechts mit dessen normativer Rechtfertigung sein, mit Blick auf die Dauer des Aufenthalts, einen denkbaren Wegfall des Aufenthaltsrechts, die Einbeziehung von Familienangehörigen?

Die normativen Gründe, die das Genfer Non-Refoulement-Verbot tragen, bedürfen also einer Vergewisserung; neue Abwägungen wären erforderlich. Vielleicht muss der Non-Refoulement-Grundsatz fortgeschrieben werden. Aber dies würde eine rationale Diskussion des gegebenen Stands wie auch einer denkbaren Veränderung erfordern.

Genau daran fehlt es. Für die politische Alltagsdiskussion, meist überhitzt, sind die Details des Flüchtlingsrechts zu kompliziert. Auch Qualitätsmedien geben sich einer Hektik der Berichterstattung hin, die Aufmerksamkeit so schnell aufsteigen wie wieder zusammenfallen lässt. Debatten entzünden sich meist nur anhand von noch dazu häufig gar nicht wirklich passenden Einzelfällen. Es gehört zu den Tiefpunkten der deutschen Migrationsdiskussion der letzten Jahre, als nach dem Messerangriff eines Flüchtlings in Aschaffenburg im Januar 2025 eigentlich kein Politiker in der Lage war, den in den Medien durchgehend aufgestellten Zusammenhang der Tat mit dem Flüchtlingsschutz infrage zu stellen. Es griff der Automatismus: Flüchtling, der sich unberechtigt in Deutschland aufhält (was bei genauerer Betrachtung so gar nicht stimmte), gleich Defizit des Flüchtlingsrechts. Als ob jeder Flüchtling kriminell und als ob es egal wäre, wo traumatisierte Flüchtlinge Straftaten begehen, Hauptsache nicht in Deutschland.

Die Diskussion sollte sich am Leitbild des Schutzes von Menschen als Menschen orientieren. Denn sowohl diejenigen, die sich um Anpassungen bemühen, als auch die Verfechter eines Rechts auf Asyl sind sich insoweit doch eigentlich einig. Die Frage ist nur, wie man diesem humanitären Imperativ am besten gerecht werden und wie dies auf gerechte Weise geschehen kann.

Eine Antwort darauf ist denkbar schwierig. Von den staatlichen Prozessen republikanischer Selbstverständigung sind Flüchtlinge von vornherein ausgeschlossen. Das ist anders gar nicht denkbar, denn sie haben nicht einmal ein Aufenthaltsrecht. Aber es bedeutet nicht, dass Flüchtlinge nicht als Menschen wahrgenommen werden. Ein vorsichtiger Vorschlag, wie das gehen könnte, stammt von Immanuel Kant, der als individuelles, kosmopolitisches »Weltbürgerrecht« das Recht einer jeden Person konstruiert, sich einem anderen Staat als »Gast« anzudienen. Vereinzelte Versuche, Kant noch weitergehender zu interpretieren, seien redlicherweise zumindest erwähnt.[3] Das erwähnte Besuchsrecht mag mit Blick auf die heutigen Probleme wenig sein. Aber es ist ein Hinweis darauf, dass wir alle, die das Menschsein teilen, genau aus diesem Grund in einem moralischen Verhältnis zueinander stehen, das die nationalen Räume politischen

3 Rainer Keil, *Freizügigkeit, Gerechtigkeit, demokratische Autonomie*. Baden-Baden: Nomos 2009.

Handelns überbrückt. Nur wäre es vorschnell, dieses Verhältnis unmittelbar in Abwehr- und Leistungsrechte zu übersetzen, die den demokratischen Verfassungsstaat ausmachen.

Statt darüber zu diskutieren, werden aber nur die Affekte einer Auseinandersetzung bemüht, die zwischen scharf abgegrenzten Lagern stattfindet: links gegen rechts, progressiv gegen konservativ und so weiter – und gelegentlich mit dem Unterton: gut gegen böse. Beide Lager haben zudem die extreme Rechte im Blick, die nicht humanitär, sondern teilweise menschenfeindlich und rassistisch denkt wie auch handelt. Das lenkt von dem eigentlichen Problem ab. Wie schon gesagt: Wer soll überhaupt durch das Flüchtlingsrecht geschützt werden, welches Problem soll es lösen, was kann es leisten?

Die »linke« Position versteift sich in ihrer Abgrenzung gegen die extreme Rechte darauf, ein (schwaches) Recht auf Asyl als unverfügbar darzustellen. Eigentlich ist das ziemlich mutlos; man könnte sogar sagen: konservativ. Es scheint, als würden die Vertreter dieser Position den Gründen, die die eigene Auffassung tragen sollten, nicht so recht trauen. Die Gegenseite schon deshalb zu kritisieren, weil sie die Abschaffung des Asylrechts »offen« fordere, irritiert. Offene Diskussion ist die Essenz der Demokratie. Verständlich ist freilich die Angst, dass die Errungenschaften, die mit der Genfer Flüchtlingskonvention erreicht wurden, bröckeln könnten, wenn das Fass einer Revision einmal aufgemacht worden ist. Aber Lähmung rechtfertigt dies nicht. Fortschritt besteht darin, Erfahrungen zu reflektieren und in das weitere Handeln einfließen zu lassen. Die sicheren Zugangswege nach Europa, die nicht nur von »linker« Seite zur Weiterentwicklung des Flüchtlingsschutzes gefordert werden, leisten dies nicht. Angesichts der quantitativen und qualitativen Expansion des weltweiten Fluchtgeschehens würde diese Forderung, könnte sie tatsächlich effektiv erfüllt werden, den europäischen Flüchtlingsschutz kollabieren lassen.

Beide Lager dürften sich im Grundsatz auch darüber einig sein, dass die Wahrnehmung der humanitären Verantwortung der staatlichen Steuerung zugänglich bleiben muss. Dies sichert aber auch das, was man die Demokratietauglichkeit des Flüchtlingsschutzes nennen kann. Nur wenn alle Angelegenheiten der politischen Gemeinschaft zum Gegenstand der kollektiven Aushandlungsprozesse gemacht werden können, ist die Gemeinschaft handlungsfähig. Wer sich der einseitigen Rhetorik eines »Rechts auf Asyl« bedient, verengt den an sich zur Verfügung stehenden Raum einer politischen Gestaltung des Migrationsgeschehens. Die Macht des gemeinsamen Handelns wird unterdrückt.

Demgegenüber wirkt es mutig, wenn der Präsident des Bundesamts für Migration und Flüchtlinge und Thorsten Frei vorschlagen, das (schwache) Recht auf Asyl abzuschaffen und dafür andere Schutzkonzepte einzuführen. Aber sie sollten ihren Mut nicht nur dort exerzieren, wo es ungefährlich ist, nämlich in der Innenpolitik. Eine rein nationale Debatte der Frage »Wozu eigentlich Flüchtlingsschutz?« ist fruchtlos, bedenkt man die dargelegten völker- und europarechtlichen Bindungen Deutschlands. Wer eine solche Debatte trotzdem führt, täuscht einen Gestaltungsspielraum vor, der gar nicht besteht. Insofern ist es zu begrüßen, dass die Fraktion der Europäischen Volkspartei des Europäischen Parlaments vor kurzem eine Anpassung der Genfer Flüchtlingskonvention an die heutige Lage gefordert hat.

Aber noch einmal: Nicht darauf kommt es an, dass die Genfer Flüchtlingskonvention unbedingt geändert werden muss oder dass der Europäische Gerichtshof für Menschenrechte von den Mitgliedstaaten des Europarats an die Kandare genommen werden müsste. Es wäre schon viel gewonnen, wenn der internationale Flüchtlingsschutz ohne Scheuklappen diskutiert werden könnte. Redetabus sind hier so wenig hilfreich wie auf anderen Politikfeldern. Gerade von Wissenschaftlern sollte erwartet werden, diese Offenheit ehrlich und in der gebotenen Differenziertheit immer wieder herauszustellen.

Vergemeinschaftung des Stils? Werkherrschaft im Zeitalter Künstlicher Intelligenz

Von Johannes Franzen

»Miyazaki würde euch Loser hassen«

Ein Konflikt, der die moderne Kulturgeschichte stark geprägt hat, dreht sich um die Frage des ästhetischen Eigentums: Wem gehört das Werk? Der Literaturwissenschaftler Heinrich Bosse hat für den Streitgegenstand dieses Konflikts in den 1980er Jahren den Begriff der »Werkherrschaft« etabliert. Erst die vor allem urheberrechtliche Kontrolle über das Werk, die sich im Verlauf des 18. Jahrhunderts entwickelt hatte, bildet demnach die Voraussetzung einer individuellen Autorschaft, die einen Herrschaftsanspruch auf das eigene Werk stellen kann.[1] Der Geniegedanke legitimiert diesen Anspruch: Dem Schöpfer eines Werkes soll das Werk auch gehören. Der nichtautorisierte Nachdruck wurde in dieser Zeit umgedeutet – von einem Prozess der Vervielfältigung von Wissen und Kunst zu einem Eingriff in das Eigentumsrecht des Schöpfers. Es handelt sich um eine Vorstellung, die seitdem als kultureller Grundkonsens gilt, auch wenn in der konkreten Praxis der Publikation und Distribution von Kunstwerken natürlich ständig Konflikte über Eigentumsfragen ausgefochten wurden.

Seit einiger Zeit hat man den Eindruck, dieser Grundkonsens sei im Zeichen der digitalen Gegenwart aufgekündigt worden. Mitte März veröffentlichte die Firma OpenAI ein Update zu ihrem KI-Bildgenerator, der es unter anderem möglich machte, Bilder im Stil der Animationsfilme von Hayao Miyazaki (*Prinzessin Mononoke*, *Chihiros Reise ins Zauberland* oder *Mein Nachbar Totoro*) zu erstellen, die für ihre Mischung aus liebenswert-idyllischer Bildsprache und der beunruhigend wuchernden Fantasie ihrer Märchenwelten bekannt sind.

Nach der Veröffentlichung des Updates überschwemmte eine Flut an Bildern in der nach dem Studio, das Miyazaki mitgründete, so genannten Ghibli-Ästhetik

1 Heinrich Bosse, *Autorschaft ist Werkherrschaft. Über die Entstehung des Urheberrechts aus dem Geist der Goethezeit*. Paderborn: Fink 2014.

die sozialen Netzwerke. Mit nur wenigen Klicks können die eigenen Hochzeitsfotos, beliebte Memes oder andere fiktionale Universen wie *Herr der Ringe* in diesem Stil darstellt werden. Für OpenAI war die Aktion ein großer Erfolg, der die Nutzerzahlen in die Höhe schießen ließ. Auch der CEO der Firma, Sam Altman, änderte auf der Plattform X seinen Avatar zu einem Ghibli-artigen Bild. Gleichzeitig sorgte diese Vergesellschaftung eines beliebten Stils aber auch für Ärger und Entsetzen. Jenny G. Zhang, Redakteurin des Magazins *Slate*, schrieb: *Hayao Miyazaki Would Hate You Fucking Losers*.[2]

Für die Autorin ist die Herstellung von Ghibli-Slop (»Slop« bezeichnet in Bezug auf KI-generierte Inhalte den schleimigen Müll, der die sozialen Netzwerke verstopft und verschmutzt) ein regelrecht böser Vorgang. Social Media sei mit »random shit« geflutet worden. Es handele sich um eine »Innovation«, die menschengemachte Schöpfungen stehle, um sie zu zerkauen und dann Überreste auszuspucken, die jede Originalität, jeden Geist und jede Arbeit vermissen lassen – all die Charakteristika also, die Kunst überhaupt erst zu Kunst macht.

Die heftige Emotionalität, mit der der Fall der massenhaften Ghiblifizierung aufgeladen zu sein scheint, macht die gravierenden Probleme sichtbar, die durch die rapide Verbreitung leistungsfähiger Künstlicher Intelligenz für das Konzept des ästhetischen Eigentums entstehen können. Etablierte Vorstellungen davon, was in der Gegenwart noch Werkherrschaft ist und sein kann, werden infrage gestellt. Eine Ästhetik, die zuvor von wenigen Personen hervorgebracht werden konnte, steht auf einmal jedem Menschen zur Verfügung, der bereit ist, sich bei OpenAI anzumelden. Der Prozess ist kinderleicht: Man muss nur in das Chat-Fenster die Bitte eingeben, ein Bild im Stil von Ghibli zu erstellen, und kurze Zeit später ist dieses Bild abrufbar. Der Effekt ist – auch nach Jahren mit KI-Bildgeneratoren – nach wie vor erstaunlich. Die Bilder fangen den Zauber der Vorlage auf den ersten Blick fast perfekt ein.

Man muss sich die Frage stellen, warum der Fall der Ghiblifizierung für besondere Empörung gesorgt hat. Ein Grund dafür wird der Geniekult sein, der um den Auteur der Filme herum aufgebaut wurde. Dokumentationen zeigen Hayao Miyazaki als ultraskrupulösen Künstler, der sich und sein Team bis zum Äußersten treibt – eine in jeder Hinsicht altmodische Figur, in der sich der Handwerker, der sich eine Schürze anzieht und jeden Tag an den Zeichentisch setzt, und der Meisterkünstler, der sich mit seinem Perfektionismus quält, verbinden. Eine solche Figur bietet sich als Gegenmodell zur Digitalisierung des Ästhetischen natürlich an. Kyle Chayka etwa schrieb angesichts des Konflikts um die KI-generierten Bilder im *New Yorker*, die Filme von Studio Ghibli könne man als essenziell »menschliche« Kunstwerke bezeichnen. Behauptet wird im Fall der Werke Miyazakis also eine besondere Humanität, die nicht nur auf Handlungs- und Figurenebene zu erkennen ist, sondern auch in der Art des Hervorbingens liegt, im Charakter des Handgemachten.

2 Jenny G. Zhang, *Hayao Miyazaki Would Hate You Fucking Losers*. In: *Slate* vom 28. März 2025 (slate.com/life/2025/03/studio-ghibli-style-ai-chatgpt-openai-generator-prompt-hayao-miyazaki.html).

Kurz nachdem ChatGPT begann, unzählige Ghibli-Bilder auszuspucken, kursierte in den sozialen Netzwerken ein alter Clip, in dem Miyazaki eine Gruppe junger Männer, die ihm ihre KI-Videotechnik vorführten, mit äußerster Strenge abkanzelt und ihr Projekt »eine Beleidigung des Lebens selbst« nennt. Dieses harsche Urteil ist sicher auch Ausdruck des Entsetzens über das groteske Wesen, das sich in der Präsentation mit schlackernden Gliedmaßen mühsam kriechend voranbewegt und über das der Mann, der es vorstellt, selbst sagt, es sei sehr gruselig und könne in Zombie-Videospielen eingesetzt werden. Miyazaki antwortet, er müsse an seinen körperlich eingeschränkten Freund denken, dem es schwerfalle, ihm ein High five zu geben; wer solche monströsen Figuren erschaffe, wisse nicht, was Schmerzen sind. Die sichtlich beschämten Programmierer verteidigen sich: Es sei eben ein Experiment. Auf die Frage, was ihr Ziel sei, antworten sie mit einem gewissen Trotz: eine Maschine zu schaffen, die Bilder wie ein Mensch zeichnen kann.

Grundsätzliche Aspekte dieses Konflikts zwischen Maschine und Künstler, der vor allem um Konzepte wie »Kreativität«, »Originalität«, »Urheberrecht« oder »Authentizität« ausgefochten wird, werden schon länger erforscht und wurden etwa in dem von Stephanie Catani herausgegebenen *Handbuch Künstliche Intelligenz und die Künste* umfassend erschlossen.[3] Dabei zeigt sich, wie die Abwehr der kunstmachenden Künstlichen Intelligenz den anthropozentrischen Charakter echter Ästhetik immer mehr verstärkt. Das gilt – wie Antonius Weixler in seinem Beitrag vermerkt – gerade in Bezug auf das »Hochwertphänomen« der Authentizität, deren Zuschreibung oder Aberkennung zu »ästhetischen ebenso wie zu moralischen Urteilen« führen kann.[4]

Der Auftritt Miyazakis in der Dokumentation dramatisiert diesen Konflikt auf effektive Weise. Und so drängt der Erlebnisbegriff der modernen Ästhetik in die Debatte: Nur das echte Schmerzwissen befähigt den menschlichen Künstler dazu, wahre Kunst zu produzieren. Das ist unter anderem gemeint, wenn Chayka in seinem Kommentar die besondere Menschlichkeit der Ghibli-Filme beschwört. Die Drohung einer kunstmachenden Maschine rückt den kunstmachenden Menschen ins Zentrum einer heroischen Widerstandserzählung, die den anthropozentrischen Aspekt künstlerischen Schaffens beteuert.

Damit wird die lange Konfliktgeschichte des individuellen Schöpfertums aufgerufen, in der sich die starke Subjektivität des menschlichen Genies und die automatisierte Produktion (die Kunstmaschine) gegenüberstehen. Dieser Konflikt spielte sich lange Zeit vor allem im Umfeld der Kritik an einer marktförmigen, industriell hergestellten Kunst ab, deren wichtigstes

3 Dazu gehören etwa die Beiträge zu *Autorschaft und Künstliche Intelligenz* (Hannes Bajohr), *KI-Kunst: Künstlertum – Schöpfung – Originalität* (Juliane Blank), *Künstliche Intelligenz und Kreativität* (Stephanie Catani) oder *Urheberschaft und Künstliche Intelligenz* (Fabian Schmieder). Alle in: Stephanie Catani (Hrsg.), *Handbuch Künstliche Intelligenz und die Künste*. Berlin: de Gruyter 2024. Vgl. auch die Besprechung dieses Bands von Bernhard J. Dotzler, *Künstliche Künstliche Intelligenz*. In: *Merkur*, Nr. 909, Februar 2025.

4 Antonius Weixler, *Authentizität und KI*. In: Catani (Hrsg.), *Handbuch Künstliche Intelligenz und die Künste*.

Charakteristikum die Standardisierung war. So bürgerte sich seit Ende des 18. Jahrhunderts im Zuge der Ausbildung eines breiteren Lesepublikums immer mehr die Fabrik-Metapher ein, um bestimmte literarische Produktionsverfahren abzuwerten.[5] Diese Kritik der maschinellen Produktion zieht sich durch die Geschichte der ästhetischen Polemik: von Flauberts *Die Erziehung des Herzens*, unter anderem eine Parodie des kommerzialisierten Kunstmarkts, über das Kulturindustrie-Kapitel in der *Dialektik der Aufklärung* bis hin zur Kritik an der trostlosen Gleichförmigkeit von Hollywood-Franchises.

Thomas Hecken hat die grundsätzliche Argumentation der Standardisierungs-These in seinem Buch *Das Populäre als Kunst?* so zusammengefasst: »Gearbeitet werde nach Anleitung durch ausformulierte oder durch Standard-Beispiele sichtbar gemachte Regeln, gefolgt werde mehr oder minder bewusst einem Muster.« Und: »Kunst hingegen sei regellos, individuell, originell, breche Konventionen; Künstler seien Neuerer, selbstbewusste oder sich dem Unbewussten hingebende Genies.«[6] Diese Vorstellung individuellen Schöpfertums war für die moderne Kulturgeschichte so wichtig, dass sie auch in Produktionsbereichen, die auf ein hohes Maß an Kooperativität angewiesen sind – wie Film und Fernsehen – erfolgreich eingeführt wurde.

Davon zeugen Autorschaftsmodelle wie der »Auteur« oder der »Showrunner«. Man spricht von Martin Scorceses *Taxi Driver* oder von Vince Gilligans *Breaking Bad*, obwohl an der Produktion dieser Kunstwerke Hunderte von Menschen beteiligt waren. Die damit verbundene Vorstellung von Werkherrschaft ist stark an die Menschlichkeit des Autors gebunden, dessen Erleben – oder besser dessen Erlebnisfähigkeit – dem ästhetischen Artefakt die Hochwertigkeit der Authentizität verleiht.

In den letzten Jahrzehnten stand der Diskurs um das ästhetische Eigentumsrecht vor allem im Zeichen der identitätspolitischen Frage: Wer darf welche Geschichten verarbeiten und erzählen? In diesem Zusammenhang wurde das Erleben zu einem Legitimationsfaktor des Erzählens gemacht.[7] Dieser Anspruch stand oft quer zur klassischen Genieästhetik und wurde als Einschränkung der Freiheit von Kunst gewertet. Im Kampf gegen die kunstmachenden Maschinen der Gegenwart erlebt diese Legitimationsstrategie allerdings eine gewisse Aufwertung. Die humane Schöpferkraft zeichnet sich gerade durch ihre Erlebnisse aus, die ihren Anspruch auf den Status des echten Ästhetischen begründen.

In einem Artikel in der *New York Times* ringt ein Dozent für kreatives Schreiben die Hände, weil er nun ausgerechnet in einem Kurs über Memoirs einen Text bekommen habe, der offenkundig von Chat-

5 Niels Penke, *Bedrohungsszenarien und routinierte Praktiken: Anonymität und Autorschaft in der »literarischen Fabrik«*. In: *Publications of the English Goethe Society*, Nr. 88/3, 2019.

6 Thomas Hecken, *Das Populäre als Kunst? Fragen der Form, Werturteile, Begriffe und Begründungen*. Berlin: Metzler 2024.

7 Johannes Franzen, *Erleben legitimiert Erzählen. Zum Problem individueller und kultureller narrativer Enteignung in fiktionalen Werken*. In: Mathis Lessau / Nora Zügel (Hrsg.), *Rückkehr des Erlebnisses in die Geisteswissenschaften? Philosophische und literaturwissenschaftliche Perspektiven*. Baden-Baden: Ergon 2019.

GPT verfasst wurde. Autobiografisches Schreiben sei aber ein Akt der Selbstdefinition, die Erinnerung an besonders intensive Erlebnisse verarbeite, die man aus allen Perspektiven analysieren müsse, um sie in der Wiedererzählung zu verkomplizieren. Es handele sich um einen Akt, der dazu geeignet sei, den Autor lebendiger zu machen. Dass nun ausgerechnet dieser Akt an eine Maschine delegiert wird, sei nicht nur eine akademische Unehrlichkeit, sondern eine Herabwürdigung unserer Erinnerungen und unserer Menschlichkeit (»a broader degradation of our memories and our humanity«).[8]

Der Fall der enteigneten Ghibli-Ästhetik fügt sich nahtlos ein in vorhandene, gut eingeübte kulturkritische Muster. Die digitale Vergemeinschaftung der Ghibli-Ästhetik wird als grotesker Höhepunkt eines rechtsfreien und kunstfeindlichen Zeitalters der nun komplett mühelosen technischen Reproduzierbarkeit gelesen. Davon zeugen die entsetzten Reaktionen, die die Respektlosigkeit vor dem Künstler in diesem Fall als besonders gravierend wahrnehmen. Jenny G. Zhang zitiert in ihrem wutentbrannten Text einen Post auf X, in dem als Kommentar zu einer Ghiblifizierung von Donald Trump schlicht gefordert wird: »hayao miyazaki should start killing people. I think.«[9] Der Post sammelte in kurzer Zeit über 280 000 Likes.

»Kunst ist gerade zugänglich geworden«

In seinem Kommentar zur Debatte um die digitale Ghiblifizierung zitiert Kyle Chayka einen viralen Post auf X, in dem ein glückloser Nutzer angesichts der neuen kreativen Möglichkeiten verkündete: »Art just became accessible« – die Kunst sei nun zugänglich geworden.[10] Am nächsten Tag entschuldigte er sich in einem Blogpost für den »unnecessarily viral tweet«. Da hatten sich dort schon über zweitausend Antworten angesammelt, in denen er teils heftig beschimpft wurde: Er sei dämlich, faul und privilegiert; KI sei keine Kunst, sondern Diebstahl; Kunst sei schon immer zugänglich gewesen, man müsse eben nur zum Stift greifen.

Der Post und der öffentliche Zorn darüber machen einen Aspekt des Konflikts Mensch/Maschine sichtbar, der in den Kontroversen oft in den Hintergrund gerät: Der Fall der Ghibli-KI bezeichnet die Eskalation eines grundsätzlichen Konflikts um ästhetische Eigentumsfragen, der sich vor allem zwischen der Ebene der Produktion und der Ebene der Rezeption abspielt.

Als vordergründiger Schurke dient in diesem Konflikt zumeist die Figur des Unternehmers, der sich die Kunst widerrechtlich aneignet: vom Nachdrucker des 18. Jahrhunderts bis hin zu den Betreibern von Plattformen zur Verbreitung von Raubkopien wie »The Pirate Bay«. Im Fall der Ghibli-Ästhetik wird die Figur des Räubers durch die Firma OpenAI und ihren CEO Sam Altman verkörpert, dem 2024 bereits vorgeworfen wurde, die Stimme der Schauspielerin Scarlett Johansson

8 Tom McAllister, *I Teach Memoir Writing. Don't Outsource Your Life Story to A.I.* In: *New York Times* vom 23. März 2025 (nytimes.com/2025/03/23/opinion/ai-outsource-writing-memoir.html).

9 Zit. n. www.rollingstone.com/culture/culture-news/miyazaki-chatgpt-ai-slop-1235305906/

10 x.com/KrishRShah/status/1904786452170342466

gegen ihren Willen für seine neue Version von ChatGPT gestohlen zu haben.

Was den Fall der Ghiblifizierung charakterisiert, ist allerdings weniger ein Konflikt zwischen Mensch und Maschine, sondern ein Konflikt zwischen dem Künstler und den Menschen, die die Maschine benutzen, um seinen Stil zu verwenden – ein Konflikt also zwischen Autor und einem Publikum, das sich zu eigener Autorschaft aufschwingt. Dieses Publikum erscheint im Gegensatz zu den anderen Feindbildern selbst wieder unangenehm menschlich. Bis in die Nacht habe er mit den neuen kreativen Möglichkeiten des Bildgenerators gespielt, schreibt der Autor des »Art just became accessible«-Posts in seiner Entschuldigung, fasziniert von den Kreationen, die er mithilfe nur weniger Worte hervorzaubern konnte.[11]

Der Konflikt, der sich hier abzeichnet, ist der ästhetischen Kommunikation zwischen der Ebene der Produktion und der Ebene der Rezeption wesenhaft eingeschrieben. Er betriff notwendig auch die Frage nach dem künstlerischen Eigentum. Werkherrschaft, schreibt Matthias Schaffrick, sei »das konzeptuelle Paradigma, das die Vorstellung von der Souveränität des Autors über sein Werk transportiert«. Diese Souveränität erscheint allerdings auf den zweiten Blick unmittelbar fragwürdig und fragil: »Es fragt sich also, wie unter den Bedingungen schriftlicher, literarischer Kommunikation so etwas wie ›Herrschaft‹ überhaupt denkbar ist und wer hier eigentlich über wen herrscht.«[12]

Ein Aspekt der literarischen Kommunikation, der in diesem Zusammenhang besonders prekär erscheint, ist naheliegenderweise die Rezeption selbst, in der sich die Leser auf das in die Öffentlichkeit entlassene Werk stürzen – um damit oft Dinge zu tun, die dem souveränen Autor nicht gefallen können. Das Problem vermeintlicher Fehldeutungen, Fehllektüren, Fehlurteile gehört in diese Konstellation und öffnet fast automatisch einen Graben zwischen Autor und Publikum. Die Werkherrschaft des Autors bedeutet eben auch eine Entmachtung des Publikums, während die Emanzipation des Publikums immer auch einen Angriff auf die Souveränität des Autors darstellt.

Gerade in Bezug auf die urheberrechtliche Souveränität können die Rezipienten ausgesprochen rabiat agieren, wenn es darum geht, ihre eigenen ästhetischen Bedürfnisse durchzusetzen. Raubkopien oder illegale Streams verweisen auf eine Rezeptionspraxis, die immer schon mit einer gewissen Respektlosigkeit gegenüber der Werkherrschaft des Künstlers einhergeht. Als »textuelle Wilderer« bezeichnet Henry Jenkins in seinem Klassiker der Fan-Forschung *Textual Poachers* (1992) die Menge der Rezipienten, die sich in die geliebten populärkulturellen Universen hineindrängen – etwa indem sie sich in einer Flut an Fan-Fiction in diese Universen einschreiben. Was sich in dieser Praxis abzeichnet, ist der Anspruch auf Werkmiteigentümerschaft, der im Verhältnis von Produktion und Rezeption immer angelegt ist.

Die Digitalisierung hat diese Konflikte mit einer neuen Intensität eskalieren lassen, denn sie macht, wie Jürgen Habermas in seiner Diagnose eines »erneuten Strukturwandels der Öffentlichkeit« angemerkt

11 krishkrosh.com/notes/AI-Art

12 Matthias Schaffrick, *Autorsubjekt und Werkherrschaft*. In: Michael Wetzel (Hrsg.), *Grundthemen der Literaturwissenschaft: Autorschaft*. Berlin: de Gruyter 2022.

hat, »alle potentiellen Nutzer prinzipiell zu selbstständigen und gleichberechtigten Autoren«.[13] Diese entfesselte Autorschaft erzeugt neue Herausforderungen für die Werkherrschaft, die sich nicht erst seit dem Aufstieg von Programmen wie ChatGPT stellen. Die Flut an Fan-Fiction, die sich seit Jahrzehnten in digitale Publikationsplattformen ergießt, hat natürlich auch mit der barrierefreien publizistischen Infrastruktur zu tun, die durch das Internet geschaffen wurde. Für die meisten Autoren handelt es sich dabei um eine Begleiterscheinung gelungener literarischer Kommunikation. Manche, notorisch etwa der Verfasser der *Game of Thrones*-Reihe George R. R. Martin, sind der Praxis der Fan-Fiction gegenüber allerdings auch feindselig eingestellt.

»Bildwelten der Rücksichtslosigkeit«

Die Kontroverse um die digitale Ghiblifizierung wirft mit erneuter Dringlichkeit die Frage auf: Kann man einen Stil stehlen? Wo die Struktur ganzer Werke oder Werkausschnitte, wo etwa ganze Sätze oder Figuren ohne Berechtigung übernommen werden, scheinen die eigentumsethischen Fragen einigermaßen geklärt. Aber wie verhält es sich, wenn es um die Aneignung von schwer greifbaren Phänomenen wie Linienführung, Farbwahl, Atmosphäre, den Rhythmus von Dialogen, eine spezifische Satzstruktur geht – Aspekte des künstlerischen Handwerks also, die einen Individualstil charakterisieren können. Die Handschrift eines Künstlers ist – wie im Fall Miyazakis – klar erkennbar, aber schwer zu beschreiben, was den eigentumsrechtlichen Einspruch gegen die digitale Enteignung ausgesprochen schwierig macht.

ChatGPT weiß das auch und verweigert störrisch die Produktion von identifizierbaren Figuren aus dem Ghibli-Universum. Einen Totoro will das Programm zum Beispiel nicht erstellen. Wenn man aber nach einem »süßen Tier« fragt, wird eine Figur erstellt, die Totoro verdächtig ähnlich sieht. Auf die Rückfrage, ob das denn erlaubt sei, gibt das Programm zu, dass es urheberrechtlich geschützte Figuren nicht vervielfältigen darf, allerdings: »Ich kann etwas schaffen, das von der Ghibli-Ästhetik inspiriert ist, mit originellen, Totoroähnlichen Kreaturen. Wenn Sie ein niedliches, flauschiges Tier mit einem ähnlich skurrilen Vibe möchten, lassen Sie es mich einfach wissen!«

In dieser Antwort kommt die Schwäche einer Werkherrschaft zum Ausdruck, die in Bezug auf konkrete Figuren gesichert erscheint, gegen eine Aneignung durch Ähnlichkeit aber mehr oder weniger hilflos ist. Ein »Vibe« ist schwer fassbar und lässt sich kaum urheberrechtlich einfangen. Kulturgeschichtlich wurde diese Hilflosigkeit durch die Vorstellung legitimiert, dass eine eigentumsrechtliche Flexibilität in Bezug auf einen Stil kreative Entwicklungen überhaupt erst möglich macht. Künstler lernen von anderen Künstlern, adaptieren deren ästhetische Strategien und entwickeln sie weiter. Die Geschichte der Kunst wäre kaum vorstellbar, wenn diese Prozesse durch eine rigide Werkherrschaft eingeschränkt worden wären. Vor allem die Geschichte der Populärkultur beruht auf der

13 Jürgen Habermas, *Überlegungen und Hypothesen zu einem erneuten Strukturwandel der politischen Öffentlichkeit*. In: Martin Seeliger/Sebastian Sevignani (Hrsg.), *Ein neuer Strukturwandel der Öffentlichkeit?* Baden-Baden: Nomos 2021 (*Leviathan*, Sonderband 37).

ständigen Wiederholung beliebter ästhetischer Muster, die gerade so vermeidet, urheberrechtlich problematisch zu sein.

Wer früher einen Stil nachmachte, sich inspirieren ließ, lernen und adaptieren wollte, der musste allerdings zumindest selbst zeichnen können. Konflikte über eine mögliche ästhetische Enteignung gab es natürlich auch in solchen Fällen, aber das Konfliktpotenzial wurde durch die Tatsache gedrosselt, dass nur wenige über die Produktionsmittel dieser Enteignung verfügten. Mit der Vergesellschaftung ästhetischer Produktionsmittel durch KI fallen die Barrieren der Könnerschaft. Die Zugänglichkeit von Kunst erreicht so tatsächlich eine neue Qualität.

Die Vergemeinschaftung einer Ästhetik bedroht den Wert dieser Ästhetik, der ja durch eine gewisse Verknappung erzeugt wird, unmittelbar. Gleichzeitig kann man auch argumentieren, dass diese Vergemeinschaftung ihre Popularität auch erhöhen kann. Für die Werkherrschaft des Produzenten verbinden sich damit allerdings Unwägbarkeiten, die bis zu einem katastrophalen Kontrollverlust führen können.

Unter den zahllosen Bildern, die im Stil der Ghibli-Filme generiert wurden, fielen eine Reihe von Schöpfungen besonders auf, die bei vielen Beobachtern unmittelbares Entsetzen erzeugten. Nicht nur nutzen Vertreter der rechtsradikalen Identitären Bewegung die Technik, um ihre Bewegung zu ästhetisieren, der Account des Weißen Hauses ghiblifizierte sogar die Deportation einer angeblichen Drogenhändlerin, die im Stil Miyazakis weinend in Handschellen gelegt wurde. Roland Meyer hat in einem Essay gezeigt, wie sich in der Expansion von KI reaktionäre Politik und rabiates Unternehmertum vereinen: »Es sind

Bildwelten der Rücksichtslosigkeit, in denen neokoloniale Expansionsträume, pseudohistorisch bemäntelte Machtphantasien, ein entfesselter Datenextraktivismus und die zynische Glorifizierung staatlicher Gewalt ihren gemeinsamen Ausdruck finden.«[14]

Man hat den Eindruck, dass die Transgressionsstrategie nicht nur auf die Verwendung eines erkennbaren Stils abzielt, sondern vor allem auf das Entsetzen, das diese Verwendung auszulösen vermag. Es handelt sich also weniger um einen Fall der Selbstverharmlosung – die Verwendung einer liebenswerten Ästhetik, um eine gewaltvolle Ideologie weniger erschreckend aussehen zu lassen –, sondern um eine offene Provokation, der es gerade darum geht, die gewaltsame Okkupation dieser Ästhetik auszustellen. »Seht her«, sagen diese Bilder, »was wir mit Eurem geliebten Studio Ghibli machen können.«

Der Fall zeigt, welche Folgen die ungeordnete Vergemeinschaftung einer Ästhetik haben kann. Die Entmachtung, die mit dieser Form der Aneignung einhergeht, droht einen Stil dermaßen zu kontaminieren, dass er am Ende zerstört wird. Werkherrschaft als Souveränität des Autors schützt nicht nur die Deutungsmacht des Urhebers, sondern auch die Ästhetik selbst, die vor Missbrauch bewahrt wird. Diese Souveränität legitimiert sich allerdings nicht durch die besondere Menschlichkeit des Autors, in deren Beschwörung nur die Versatzstücke eines raunenden Geniemythos reproduziert werden, sondern durch die Integrität seiner Vision. Im Fall Miyazakis ist das die besondere Humanität der Figuren, die ihre Ressentiments und emotionalen Wunden überwinden müssen, um für eine Gemeinschaft einzustehen, die in den Filmen oft als versehrte Ersatzfamilie erscheint. Dem Stil, in dem diese Geschichten erzählt werden, wird man nicht gerecht, wenn man daraus eine universale Ausdrucksform von »süß« und »flauschig« macht. Und man verhöhnt diese Ästhetik, wenn man sie für menschenfeindliche Politik instrumentalisiert.

Werkherrschaft schützt allerdings nicht nur die Integrität einer ästhetischen Vision vor Verwässerung und Missbrauch, sondern auch die finanzielle Infrastruktur, auf der diese Vision beruht. Der Fall der Ghiblifizierung ist nur ein besonders sichtbares Beispiel für den spektakulären Raub ästhetischen Eigentums, der sich gerade vollzieht, indem die Werke unzähliger Künstler den Maschinen als Trainingsdaten verfüttert werden. Dieser Angriff auf das Konzept des ästhetischen Eigentums könnte tatsächlich eine existenzielle Gefahr für die Kunst bedeuten; nicht weil Maschinen in das Kunstmachen miteinbezogen werden, sondern weil kunstmachende Menschen ihre bürgerlichen Existenzen verlieren. Respekt vor der Kunst bedeutet nicht Respekt vor einer fetischisierten Menschlichkeit, sondern vor den konkreten Menschen, die diese Werke erschaffen haben und die von irgendetwas leben müssen. Die finanzielle Infrastruktur, die die moderne Kunst möglich gemacht hat, war schon immer ausgesprochen instabil – jetzt droht sie endgültig wegzubrechen. Ob viele Menschen mit der Ghibli-Ästhetik spielen können sollten, bleibt eine komplexe ethische Frage. Klar ist, dass es diese Ästhetik gar nicht geben würde, wenn ihre Schöpfer nicht bezahlt worden wären.

14 Roland Meyer, *Die Ästhetik des digitalen Faschismus*. In: *FAS* vom 27. April 2025.

Philosophische Toxikologie

Von Jens Soentgen

So viel Gift war nie. Angesichts immer neuer, synthetisch produzierter Stoffe,[1] aber auch durch die beschleunigte und umfassende Mobilisierung von altbekannten Chemikalien entsteht bei vielen Beobachtern der Eindruck, der gesamte Planet werde allmählich toxisch.[2] Mit Blick etwa auf die stetig steigenden Mengen von Pestiziden, die weltweit produziert und ausgebracht werden, scheint dieser Eindruck durchaus berechtigt.[3] Auch die von Jahr zu Jahr intensiver werdenden Bergbauaktivitäten[4] führen sehr oft zu vergifteten Landschaften und arsenhaltigen Gewässern,[5] sowie zum Schadstoffeintrag in die Atmosphäre.

Und so ist es nicht erstaunlich, dass in den letzten Jahren Publikationen zu Gift und Giftigkeit, man verzeihe das alte, hier aber passende Bild, wie Pilze aus dem Boden schießen. Doch es sind nicht etwa Toxikologen, Ökotrophologen oder Mediziner, sondern vermehrt Geisteswissenschaftler, die sich mit »toxicity« befassen.[6] Was haben sie im Giftdiskurs verloren, was haben sie beizutragen? Messen können sie nichts, modellieren ebenso wenig, auch mit der Therapie von Vergiftungen oder der Regulation haben sie nichts zu tun. Und doch haben nicht nur die Naturwissenschaften, sondern auch die Geisteswissenschaften, die Humanities, wie es im angelsächsischen Sprachraum heißt, zum Verständnis von Gift zwar anderes, aber doch einiges beizutragen. Weil Gift die menschliche Existenz angreift, untergräbt oder sogar vernichtet, war es immer schon ein Thema, das Menschen umtrieb.

Gifte sind, wie die Pharmaziehistorikerin Bettina Wahrig feststellt, Grenzobjekte, die sich eindeutiger Zuordnung entziehen.[7] Sie sind nicht nur physische, sondern auch metaphysische Objekte, die nicht nur eine wichtige Rolle in der Pharmakologie spielen, sondern auch in der Ökologie, der Theologie, der Philosophie, der Rhetorik und in der Rechtswissenschaft. Das Nachdenken über Gifte muss daher nicht notwendigerweise im Gewand toxikologischer

1 Vgl. Zhanyun Wang u.a., *Toward a Global Understanding of Chemical Pollution. A First Comprehensive Analysis of National and Regional Chemical Inventories*. In: *Environmental Science and Technology*, Nr. 54/5, 2020.

2 So zum Beispiel Paul R. Ehrlich / Anne H. Ehrlich, *The Dominant Animal: Human Evolution and the Environment*. Washington: Island Press 2008.

3 Anket Sharma u.a., *Worldwide pesticide usage and its impacts on ecosystem*. In: *SN Applied Sciences*, Nr. 1/11, November 2019.

4 Adator Stephanie Worlanyo, *Evaluating the environmental and economic impact of mining for post-mined land restoration and land-use. A review*. In: *Journal of Environmental Management*, Nr. 279, Februar 2021.

5 Vgl. Jens Soentgen, *Arsen – Ein Stoff aus dem Untergrund*. In: *GAIA*, Nr. 20/3, 2011.

6 Simone Müller, *Toxicity*. In: *The Philosopher*, Nr. 110/1, 2022.

7 Bettina Wahrig, *Systeme in pragmatischer Hinsicht: Lehrbücher der Toxikologie in Deutschland, England und Frankreich 1785–1929*. In: Christoph Friedrich / Wolf-Dieter Müller-Jahncke (Hrsg.), *Gifte und Gegengifte in Vergangenheit und Gegenwart. Die Vorträge der Pharmaziehistorischen Biennale in Mülheim an der Ruhr vom 23.–25. April 2010*. Wissenschaftliche Verlagsgesellschaft Stuttgart 2012.

Untersuchungen daherkommen, die das Gift materialistisch deuten und quantitativ vereindeutigen. Es gibt auch eine philosophische Toxikologie, deren Methoden nicht der Tierversuch oder die chemische Analyse, sondern die Phänomenologie und die Begriffs- und Bildgeschichte sind.

Diese philosophische Toxikologie lässt das Gift in das Denken eindringen, sie akzeptiert den Biss der Schlange und fragt, was sich am Phänomen des Gifts über Mensch und Welt, über Tod und Teufel lernen lässt. Was meinen wir eigentlich mit dem Wort »Gift«? Lässt man diese Frage einmal unter die Haut, zeigt sich, dass es im Wesentlichen zwei Formen des Giftdenkens gibt, ein dualistisches und ein relationales, die beide bis heute relevant sind.

Die Schlange als Metapher für Gift

Beginnen wir mit einer Geschichte, einer Legende. Als der Evangelist Johannes, der Lieblingsjünger Jesu, in Ephesos das Heiligtum der Artemis betrat, forderte ihn der Priester auf, der Göttin zu opfern, was Johannes natürlich verweigerte. Daraufhin holte der Priester einen Kelch mit Gift, das zuvor schon zwei verurteilte Verbrecher umgebracht hatte, und forderte Johannes auf, davon zu trinken. Doch dieser schlug ein Kreuz über dem Kelch, daraufhin entwich das Gift als Schlange, und Johannes trank die Flüssigkeit, ohne Schaden zu nehmen. Daraufhin bekehrte sich der Priester zum christlichen Glauben, und auch der Tempel stürzte wenig später ein.[8]

Bemerkenswert an dieser Geschichte ist nicht nur die Vorstellung, dass ein Gift durch eine Segensgeste unschädlich gemacht werden kann – was wiederum voraussetzt, dass Gifte als das Werk böser Mächte und letztlich des Satans aufzufassen wären –, sondern auch die Identifikation von Gift und Schlange. In Mitteleuropa ist das Risiko, von einer giftigen Schlange gebissen zu werden, minimal. Hier gibt es insgesamt nur wenige giftige Arten; die gefährlichste, die Kreuzotter, ist so selten geworden, dass Bisse, wenn überhaupt, nur ein, zweimal im Jahr vorkommen und zumeist erfolgreich behandelt werden können.

In wärmeren Gegenden wie an den Schauplätzen der in der Bibel erzählten Geschehnisse, kann man Schlangen, auch sehr giftigen, wesentlich häufiger begegnen.[9] Allein auf dem Gebiet des Staates Israel leben acht Arten, deren Biss für Menschen potenziell tödlich ist. Daher ist es nicht erstaunlich, dass die Schlange schon

8 Insbesondere im Rheinland war es Sitte, am 27. Dezember, dem Namenstag des Heiligen, aber auch zum Abschied vor einer Reise einen Johanniswein zu trinken, um sich vor giftigen Krankheiten zu schützen. Vgl. Leonhard Goffiné, *Katholisches Unterrichts- und Erbauungsbuch*. Tübingen: H. Laupp'sche Buchhandlung 1843

9 Tatsächlich sind Schlangenbisse die häufigsten unter den gefährlichen Gifttierattacken. Jedes Jahr werden ungefähr 5,4 Millionen Menschen weltweit von Schlangen gebissen, und zwischen 81 000 und 134 000 sterben daran; sehr viel mehr, nämlich etwa dreimal so viel, erleiden dauerhafte Einschränkungen z.B. infolge notwendiger Amputationen. Besonders Kinder sind betroffen. Vgl. *Snakebite envenoming* vom 12. September 2023 (who.int/news-room/fact-sheets/detail/snakebite-envenoming). Vgl. auch Sagi Shashar u.a., *The Association Between Heat Waves and Other Meteorological Parameters and Snakebites: Israel National Study*. In: *Journal of Emergency Medicine*, Nr. 54/6, Juni 2018 (sciencedirect.com/science/article/pii/S0736467918301112).

im Alten Testament prominent vertreten ist. In der Genesis ist die Schlange das einzige Tier, das selbst in Aktion tritt, das einzige Tier, das spricht und auch verspricht. Adam und Eva folgen zu ihrem Unglück oder Glück dem Schlangenrat und werden daraufhin aus dem Paradies verbannt. Die Schlange wird von Gott verflucht, und so die feindliche Beziehung zwischen Mensch und Schlange gestiftet. Und damit beginnt dann auch die eigentliche Menschengeschichte.

Auch unabhängig vom Wissen um ihr Gift haben Schlangen etwas Beängstigendes. Schlangen sind Jäger, fast alle greifen aus dem Hinterhalt an. Ihre Beutetiere, die bei einigen Arten riesig sein können, verschlingen sie noch halblebend und zuckend, ein pervers intimer Akt. Wenn eine eingerollte Schlange in Bewegung gerät, und sich dabei die Schuppenreihen gegenläufig verschieben, entsteht oft ein so faszinierender wie verwirrender visueller Eindruck. Es dürfte kein Zufall sein, dass das Zeichen, mit dem wir am Rand oder unter den Zeilen eines Manuskripts Fehler oder auch semantische Unklarheiten monieren, aus einer geschlängelten Linie besteht. Und wenn in Comics und in Zeichentrickfilmen ein giftiges Gas vorkommt, werden fast immer auffallend grüne, sich schlängelnde Dämpfe gezeigt.

In der Schlangenliteratur ist es ein fester Topos, dass die Schlange ihre Beutetiere behext, hypnotisiert, sie bannt und auf diese Weise an der Flucht hindert. Beobachtungen von Verhaltensforschern deuten dieses Bannen als Teil einer Jagdstrategie: »Die Schlange produziert gewissermaßen unterschwellige Fluchtreize, die gerade so dosiert sind, daß das Tier gespannt hinsehen, aber doch nicht flüchten muß.«[10] Auch der Körperbau der Schlangen in seiner radikal vereinfachten Form ist unheimlich. Sie haben keine Gliedmaßen, sondern nur einen ganz glatten, beschuppten, langgestreckten Leib, aber anders als Würmer einen Kopf und ein Gesicht. Dieses Gesicht mit den ständig geöffneten Augen und der gespaltenen, sich rastlos bewegenden Zunge, verfügt über keine Mimik und scheint doch böse zu lächeln.

Die Schlangenangst, Ophidiophobie, antwortet auf all diese Erfahrungen. Sie zählt zu den häufigsten Phobien, die wir kennen, obwohl Schlangen gerade in mitteleuropäischen Städten ausgesprochen selten anzutreffen sind.[11] Evolutionstheoretiker haben argumentiert, dass diese Angst angeboren sei, dass also alle Menschen ein wenig Schlangenangst in sich trügen, denn in den frühen Zeiten der Menschheitsentwicklung, als die Vorfahren der Menschen sich in Ostafrika ihren Lebensraum mit zahlreichen anderen Tieren, darunter auch vielen Giftschlangen teilten, stellten diese eine tägliche und überall zu erwartende Gefahr dar. Interessant ist, dass die nächsten Verwandten des Menschen im Tierreich, die sogenannten Altweltaffen, ebenfalls eine intensive Schlangenfurcht zeigen.

Einzelne Evolutionstheoretiker haben sogar die These vertreten, dass die außergewöhnlich hohe Leistungsfähigkeit der menschlichen Augen sich direkt auf die Bedrohung durch Schlangen zurückfüh-

10 Heini Hediger, *Beobachtungen zur Tierpsychologie im Zoo und im Zirkus*. Berlin: Henschelverlag Kunst und Gesellschaft 1979.

11 Die Prävalenz beträgt zwischen 1,2 bis 5,5 Prozent, wobei Frauen deutlich häufiger betroffen sind. Irena Milosevic / Randi E. McCabe (Hrsg.), *Phobias. The Psychology of Irrational Fear*. Santa Barbara: ABC-CLIO 2015.

ren lasse: Sie rechtzeitig zu erkennen, sei für die Vorfahren der Menschen überlebenswichtig gewesen.[12] Auch die soziale Zeigegeste hat im Rahmen dieser Theorie ihren Ursprung hier, denn es bot einen ganz erheblichen Vorteil, die gefährlichen Tiere auch aus der Entfernung genau orten und andere auf die Gefahr hinweisen zu können. Von dort ist es dann nicht mehr weit bis zu einer evolutionstheoretisch fundierten Neuauflage der biblischen These, der zufolge das Erkennen letztlich auf die Schlange zurückgeht.

Dualistisches und relationales Giftdenken

Gifte verängstigen, wie auch der Anblick von Schlangen verunsichert. Das Gift schleicht sich an und schleicht sich ein, man bemerkt es nicht oder erst, wenn es zu spät ist. Gifte kennen, wie die Schlangen, die Schwachstellen des Organismus, den sie attackieren; man versteht gut, dass in manchen Kulturen den Schlangen und manchmal auch dem Gift selbst überlegenes Wissen zugesprochen wurde. Man kann nicht nur von der Giftigkeit der Schlangen, sondern auch von der »Schlangigkeit« der Gifte sprechen. Beiden eignet eine Ausstrahlung von Macht; auch den Giften, die in ihrem mit einem Totenkopf gekennzeichneten Gefäß auf dem Regal stehen. Dieser ambivalente Nimbus teilt sich denen mit, die mit Giften hantieren, denn der Giftkundige ist einer, der mit Mächten umgeht. Nicht umsonst ist der Schlangenstab das Symbol für Pharmazie und Medizin – Professionen, die sich mit Giften auseinandersetzen. Die Instrumente, mit denen die wirksamsten Medikamente verabreicht werden, die Injektionsspritzen, sind nichts anderes als technisierte Varianten von Giftzähnen.

Die vorchristliche Antike setzte sich noch recht unbefangen mit dem Thema Gift auseinander. Man experimentierte mit Giften und Gegengiften, sowohl im Tier- wie auch im Menschenversuch, man verfasste umfangreiche toxikologische Werke. Noch in der Bibel ist die Wertung der Schlange ambivalent, selbst im Neuen Testament finden sich noch einige positive Aussagen über sie. Doch mit der christlichen Orthodoxie wurde diese Ambivalenz zugunsten einer streng dualistischen Auffassung aufgegeben. Das lässt sich etwa an der Rechtsprechung ablesen.[13] Die christlichen Kaiser hielten sich an die überkommenen Bestimmungen des römischen Rechts, allerdings wurde die Verbindung zwischen Giftmischerei und Zauberei zunehmend enger gefasst. Zwar waren Zauberei und Heilen immer schon unmittelbar benachbart – wer je Heilung von einer bedrohlichen Erkrankung erfahren hat, kann diese Verbindung nachvollziehen. Und auch in der Antike sah man, dass der erfolgreiche Arzt die natürliche Ordnung bekämpft und im Erfolgsfall sogar aufhebt.

12 Lynne A. Isbell, *The Fruit, the Tree, and the Serpent. Why We See So Well*. Cambridge / Mass.: Harvard University Press 2009. Zur Symbolik der Schlange vgl. die wichtige und faszinierende Untersuchung von Wilhelm Köller, *Sinnbilder für Sprache*. Berlin: de Gruyter 2012. Zudem Kapitel VIII *(Le serpent)* in: Gaston Bachelard, *La Terre et les rêveries du repos*. Paris: José Corti 1948; zuletzt Erica Wright, *Snake*. New York: Bloomsbury 2020.

13 Zur frühen Kulturgeschichte der Gifte vgl. die wichtige, heute kaum mehr bekannte Studie von Karl Friedrich Heinrich Marx, *Die Lehre von den Giften in Medizinischer, Gerichtlicher und Polizeylicher Hinsicht*. Erster Band. Göttingen: Dieterichsche Buchhandlung 1827.

Nicht ohne Grund wird der Begründer der Medizin, Asklepios, durch den Blitzstrahl des Zeus erschlagen; er hatte einen Toten wiedererweckt.

Mit dem Christentum kam hier allerdings eine moralische Wertung ins Spiel, die der Antike noch fremd war. Gift wurde nun als Ausdruck des Bösen betrachtet. Was auch immer giftig ist, seien es Gifttiere, Giftpflanzen, Giftmischer, galt als verflucht. Und wer sich bewusst mit Giften beschäftigt, war in diesem Weltbild in der Regel zugleich ein Magier, ein Hexenmeister, jemand, der mit dem Bösen unter einer Decke steckt. Der Pharmakos wurde zum Malefikus.[14]

Von diesem dualistisch-metaphysischen Denken unterscheidet sich unser modernes Giftdenken grundlegend. Der vielleicht bekannteste Lehrsatz der modernen Toxikologie, dass nämlich die Dosis das Gift mache, geht auf Paracelsus zurück: »Alle Dinge sind Gift, und nichts ist ohne Gift; allein die Dosis machts, daß ein Ding kein Gift sei.«[15] Dieses Giftdenken ist antidämonologisch und antidualistisch. Es gibt nicht zwei getrennte Welten, von denen eine nur gut und eine nur böse, eine an sich giftig, eine an sich unschädlich ist. Vielmehr ist alles gemischt aus Giftigem und Ungiftigem und nichts völlig unschädlich. Auch Salz oder Sauerstoff, beide für das menschliche Leben unerlässlich, können in zu großer Dosis oder hoher Konzentration giftig werden.

Oft wird Paracelsus in den Lehrbüchern der Toxikologie als eine Art Gründungsvater dieser Wissenschaft zitiert.[16] Doch sein meist falsch zitierter Lehrsatz[17] ist nur ein Aspekt der modernen Relationierung des Giftbegriffs. Denn neben der Dosis ist zum Beispiel für die Wirkung auch die Verabreichungsform (Injektion oder Tablette), die Tageszeit und sogar die Jahreszeit wichtig. Und auf Seiten des Patienten sind Geschlecht, Alter, allgemeiner Zustand und andere Faktoren ebenso zu berücksichtigen.

14 Es liegt in der Logik dieses Denkens, wenn etwa die Kirchenväter in der Auseinandersetzung mit Abweichlern regelmäßig zu Giftmetaphern greifen. Einer ihrer polemischen Topoi besteht darin, die Abtrünnigen, die Ketzer also, als Giftmischer zu bezeichnen bzw. ihre Werke und Gedanken zu Gift zu erklären. Heimtückischerweise, so lautet der Vorwurf, vermischen sie ihr Gift mit süßem Honig und bringen es auf diese Weise unter die Menschen. Schon kleinste Mengen können lebensgefährlich sein, weil sich das Gift fressend ausbreitet, wenn es erst einmal in den Körper gelangt ist. Gift ist in diesem Denken etwas Absolutes, entweder giftig oder nicht. Zur Giftrhetorik vgl. Ilona Opelt, *Die Polemik in der christlichen lateinischen Literatur von Tertullian bis Augustin*, Heidelberg: Winter 1980. Vgl. auch Alphons A. Barb, *Gift*. In: Theodor Klauser (Hrsg.), *Reallexikon für Antike und Christentum*. Bd. X. Stuttgart: Hirsemann 1978.

15 Theophrastus Paracelsus, *Septem Defensiones*. In: Will-Erich Peuckert, *Paracelsus. Werke*. Bd. II: *Medizinische Schriften*. Darmstadt: WBG 1965.

16 Vgl. Hans Marquardt / Siegfried Schäfer (Hrsg.), *Lehrbuch der Toxikologie*. Mannheim: Bibliographisches Institut 1994; Jordi Vallverdú, *La evolución de la Toxicología: de los venenos a la evaluación de riesgos*. In: *Revista de Toxicología*, Nr. 22/3, 2005; Curtis Klaassen / John B. Watkins, *Essentials of Toxicology*. New York: McGraw Hill 2021.

17 Wolfgang Bödeker / Susanne Moebus, *Das Paracelsus-Prinzip »Allein die Dosis macht, dass ein Ding (k)ein Gift sei« – ein nicht mehr zeitgemäßer Lehrsatz und ätiologischer Mythos*. In: *Prävention und Gesundheitsförderung*, Nr. 19, 2024 (springermedizin.de/pharmakologie-und-toxikologie/das-paracelsus-prinzip-allein-die-dosis-macht-dass-ein-ding-k-ei/25361664).

Der relationale Giftbegriff ist nicht nur für die moderne Medizin wichtig, sondern hat darüber hinaus auch eine ökologische Bedeutung. Wenn man davon ausgeht, dass es keine absoluten Gifte gibt, kann man damit rechnen, dass Tiere sich mit Stoffen, die für sie selbst unschädlich oder jedenfalls erträglich sind, gegen andere Tiere zur Wehr setzen, die ihnen nach dem Leben trachten.

Die chemische Ökologie fokussierte sich zunächst auf die Beziehung zwischen Pflanzen und Insekten. Pflanzen nutzen Gifte als Defensivwaffen. Sie verteidigen sich damit gegen ihre Feinde, in erster Linie gegen Insekten. In der chemischen Ökologie spricht man von der chemischen Abwehr, die die mechanische Abwehr, die Pflanzen entwickelt haben (Stacheln, Dornen, Rinden, Mikrolithen usw.), ergänzt. Grundlegend ist dabei die Vorstellung, dass Pflanzen als Organismen, die an ihren Ort gebunden sind, also nicht fliehen können, kaum eine andere Möglichkeit haben, sich vor dem Gefressenwerden zu schützen, als eben durch das Ausbilden von Giften. Das bedeutet, dass die Gifte älter sind als der Mensch.

Weil alles tierische Leben in der ökologischen Gesamtsicht auf pflanzlichem Leben beruht, kann man sagen, dass die Natur intrinsisch toxisch ist. Tiere lernen mit der Zeit, mit den von Pflanzen erzeugten Giften besser zurechtzukommen, teilweise nehmen sie diese auch in sich auf, um sich ihrerseits vor Verfolgern zu schützen. Die Pflanzen ihrerseits entwickeln ihr toxisches Repertoire weiter. Das gegenseitige Vergiften als Abwehrmaßnahme ist jedenfalls in der Natur weit verbreitet: »Von den Tiefen des Ozeans, wo Bakterien die Sedimente mit Neurotoxinen überziehen, bis hin zum Himmel, wo wandernde Schmetterlinge Kardiotoxine zwischen den Kontinenten transportieren, sind natürliche Toxine universelle Bestandteile von Ökosystemen. Alle Tiere müssen sich in dieser Welt der biologischen Toxine zurechtfinden.«[18]

In dieses toxische Netzwerk fügt sich nun auch der Mensch ein, zunächst vor allem defensiv, indem er die chemische Abwehr der Pflanzen und Tiere umgeht. Dies geschieht bei uns nicht nur durch angeborene, evolutionär entwickelte Mechanismen, die vor allem bei Kindern noch wirken, die Bitteres und seltsam Schmeckendes instinktiv meiden, sondern mehr noch durch kulturell vermittelte Verhaltensweisen, in erster Linie durch das kundige Sammeln und dann durch das Kochen, das unter anderem die Funktion hat, Giftstoffe in der Nahrung durch Schälen, Gären, Erhitzen oder Herauslösen im Kochwasser zu entfernen oder unschädlich zu machen.[19] Bei uns ist es üblich geworden, den Pflanzen durch Züchtung ihre

18 Rebecca, D. Tarvin u.a., *The Diverse Mechanisms that Animals Use to Resist Toxins*. In: *Annual Review of Ecology, Evolution, and Systematics*, Nr. 54, November 2023. Natürlich wirken die Gifte häufig auch gegen bestimmte andere Organismen, zum Beispiel Schnecken oder Wirbeltiere, oft zielen sie auf das äußere periphere Nervensystem, was am effizientesten ist. Da sich aber das Nervensystem von Insekten und Wirbeltieren chemisch betrachtet ähnelt, können Gifte, die sich ursprünglich gegen bestimmte Insektengruppen richteten, auch für Säugetiere problematisch sein.

19 Dies wurde schon in der Antike betont, vgl. *Über die Alte Medizin*. In: *Hippocrates, Sämmtliche Werke. Bd. 1.* Übersetzt und commentiert von Robert Fuchs. München: H.Lüneburg 1895. Auch Paracelsus hat das Kochen als Entgiftungsprozess konzeptualisiert.

Gifte auszutreiben, wodurch viele moderne Nutzpflanzen recht anfällig für Krankheiten und Schädlinge sind.

Anderswo sind bittere toxische Knollen das Grundnahrungsmittel. Ein Beispiel ist der Maniok, ein Wolfsmilchgewächs, Grundlage der Nahrung für rund 400 Millionen Menschen.[20] Diese Pflanze stammt aus Südamerika, wo sie schon Basis der Ernährung der indigenen Völker war und immer noch ist, heute wird Maniok auch in Afrika und Südostasien konsumiert. Es handelt sich um eine hochgiftige Pflanze, die Blausäure freisetzt, sobald sie verletzt wird. Dass gerade diese toxische Pflanze als Nahrungsgrundlage gewählt wird, wirkt zunächst absurd, hat aber seinen guten Grund, weil Tiere sie in Ruhe lassen. Menschen können diese Pflanze unbesorgt essen, weil und solange sie genau wissen, wie sie deren Gift loswerden – nämlich durch einen mehrstufigen Prozess, in dem die Knolle zunächst geraspelt und der Brei dann ausgepresst wird. Schließlich wird der Brei in großen Pfannen geröstet, wobei der letzte Rest Blausäure vertrieben wird.

Die Pharmakologie hängt mit der Kochkunst eng zusammen, denn das, was die eine Kunst entfernt, das sammelt, konzentriert und nutzt die andere. Weil Gifte hochspezifische Wirkungen auf Organismen haben, können sie bei bestimmten Erkrankungen große Hilfe bieten. Rund 70 Prozent aller Heilmittel, die bei Tumorerkrankungen verwendet werden, sind entweder natürlichen Ursprungs oder waren in ihrer Struktur von natürlich vorkommenden Molekülen inspiriert. Durch die entschlossene Prüfung auch starker Gifte konnte der Arzneimittelschatz wesentlich bereichert werden. Viele Heilmittel sind umfunktionierte Giftstoffe. Auch moderne Antibiotika sind nichts anderes, da es sich ursprünglich um Stoffe handelt, mit denen Schimmelpilze ihre Erzfeinde, die Bakterien, bekämpfen.

20 Vgl. die ausführliche Darstellung in: Jens Soentgen / Klaus Hilbert, *Präkolumbianische Chemie.* In: *Chemie in unserer Zeit,* Nr. 46/5, Oktober 2012.

Die Aktualität des dualistischen Giftdenkens

Das dualistisch-dämonologische Giftdenken, das von absoluten Giften ausgeht, gehört jedoch keineswegs der Vergangenheit an. Die Vorstellung, dass zum Beispiel bestimmte Substanzen absolut und nicht abhängig von der Dosierung schädlich oder giftig sind, ist überall spürbar, wo über Nahrungsmittel oder Kosmetika diskutiert wird. Viele Menschen gehen ohne Weiteres davon aus, Naturprodukte seien per se ungiftig,[21] wie »die Natur« ja überhaupt gern als friedlicher und giftfreier Raum imaginiert wird.[22] Die Toxizität von natürlichen

21 Vgl. den schönen Essay von Christian Schnurr, *»Ist das natürlich oder ist da Chemie drin?« Ansätze zu einer transdisziplinären Verständigung über die ›(Un-)Natürlichkeit‹ der Chemie.* In: *GAIA*, Nr. 31/2, 2022 (ingentaconnect.com/content/oekom/gaia/2022/00000031/00000002/art00008). Christian Schnurr danke ich zudem für so manche anregende Diskussion über Gifte.

22 So zum Beispiel Peter Wohlleben, *Das geheime Leben der Bäume. Was sie fühlen, wie sie kommunizieren – die Entdeckung einer verborgenen Welt.* München: Ludwig 2015, das zwischen 2015 und 2017 die *Spiegel*-Bestsellerliste anführte. Vgl. auch die Parodie: Markus Bennemann, *Böse Bäume. Wie sie töten, stehlen, Feuer legen – die dunkle Seite unserer liebsten Waldbewohner.* München: Goldmann 2022.

Präparaten, etwa ätherischen Ölen, wird dementsprechend häufig unterschätzt.[23]

Aus der Risikoforschung weiß man seit langem, dass eine erstaunlich große Zahl von Menschen glaubt, chemische Substanzen seien per se gefährlich; diese Menschen tun alles, um den Kontakt mit solchen Substanzen zu vermeiden.[24] Die größte Sorge von Verbrauchern in Bezug auf ihr Essen beispielsweise ist die vor Pestizidrückständen in ihrer Nahrung. Aus der Statistik von Vergiftungsfällen lässt sich diese Sorge nicht begründen,[25] schließlich macht auch hier die Dosis (und nicht die Art oder Herkunft) das Gift.[26]

Ist das vormoderne Giftdenken, das sich in den genannten Verhaltensweisen unübersehbar äußert, wirklich so absurd und sinnlos? Ja und nein. Tatsächlich gibt es sehr wohl Stoffe, die in *jeder* (messbaren) Dosis giftig sind, zum Beispiel gentoxische Stoffe. Zugleich gibt es im Alltag unzählige Situationen, in denen der Rückgriff auf einen dualistischen Giftbegriff unerlässlich ist. Wer ein Kind erzieht, wird nicht darum herumkommen, bestimmte Haushaltsmittel, bestimmte Pflanzen und Pilze als absolut giftig zu kennzeichnen, und dies geschieht durch drastische Gesten. Im Alltag ist es ohnehin nur in Ausnahmefällen möglich, die Dosis zu bestimmen, in der man eine bestimmte Substanz aufnimmt. Insofern ist es eben doch rational, sich aus pragmatischen Gründen von bedenklichen oder auch nur unbekannten Substanzen prinzipiell fernzuhalten.

Und der dualistische Giftbegriff ist auch in seiner gesellschaftskritischen Funktion nicht von vornherein absurd. Denn so richtig es ist, wenn Naturwissenschaftler darauf hinweisen, dass Gifte auch in der Natur vorkommen, und so bedeutend die Einsichten sind, die durch die moderne Toxikologie und chemische Ökologie gewonnen werden können, es bleibt eine Tatsache, dass die Industriegesellschaften heute Gifte in einer Menge, Vielfalt und in Konzentrationen erzeugen, die alle natürlichen Giftquellen weit übertreffen. Hier ist zum einen an die gezielte Produktion von Giftstoffen zu denken, etwa von Kampfmitteln oder Pestiziden, aber auch an die sozusagen nebenher erzeugten Gifte, etwa das Arsen, das im Zuge von weltweiten Bergbauaktivitäten mobilisiert wird, oder auch an die Düngemittel, die in den Konzentrationen, in denen sie auf unsere Felder ausgebracht werden, für viele Lebewesen, übrigens auch für Kleinkinder, durchaus toxisch wirken können. Zudem zeichnen sich viele menschengemachte Gifte durch eine höhere Persistenz aus, sie zerfallen nicht so rasch wie natürliche Giftstoffe.

Eine philosophische Toxikologie, die über den hier skizzierten Grundkurs hinausgeht, müsste die damit verbundenen Fragen durchdenken und die Wandlungen im Umgang mit den Giften, die für das Anthropozän typisch sind, auf den Begriff bringen. Doch schon jetzt spürt viel-

23 Das Bundesamt für Risikobewertung sah sich bereits veranlasst, öffentlich darauf hinzuweisen, dass auch hier die Dosis das Gift macht. Insbesondere vor unverdünntem Teebaumöl wird mit gutem Grund gewarnt.

24 Vgl. Nancy Kraus u.a. *Intuitive toxicology: Expert and lay judgments of chemical risks.* In: *Risk Analysis*, Nr. 12/2, Juni 1992.

25 Ortwin Renn, *Das Risikoparadox. Warum wir uns vor dem Falschen fürchten*. Frankfurt: Fischer 2014.

26 Vgl. die entsprechende Diskussion des Pharmakologen Herrmann Josef Roth, *Unser täglich Gift. Tatsächliche und vermeintliche Schadstoffe im Alltag*. Stuttgart: Hirzel 2013.

leicht der eine oder andere einen bitteren, metallischen Geschmack im Mund. Daher empfehle ich als unspezifisches Entgiftungsmittel erst einmal eine Pause, einen Spaziergang an der frischen Luft und ein Gläschen Milch.

Weltmeister des Vergessens
Zum amerikanischen Exzeptionalismus

Von William Collins Donahue

Bis vor kurzem, bevor Donald Trump damit begann, die Websites von Bundesbehörden wie des Kriegsveteranenministeriums und des National Park Service von Verweisen auf Rassismus zu »säubern«, schienen die Mängel der amerikanischen Erinnerungskultur auf der Hand zu liegen. Trotz Bryan Stevensons beeindruckendem »Lynching Memorial« in Montgomery, Alabama, und dem noch relativ neuen Museum für afroamerikanische Geschichte und Kultur auf der Mall in Washington, D.C., hatten es die USA nicht geschafft, die Bereitschaft zur Aufarbeitung der eigenen Geschichte gesellschaftlich auf breiter Basis gesellschaftlich so wirkungsvoll zu institutionalisieren, wie Deutschland das gelungen ist. Dafür, dass das Land erinnerungspolitisch dennoch grundsätzlich auf dem richtigen Weg zu sein schien, sprachen nicht zuletzt die vielen Initiativen nach der Ermordung von George Floyd im Jahr 2020.

Mittlerweile frage ich mich, auch unter dem Eindruck des gewaltsamen israelischen Vorgehens im Gazastreifen, ob unser Blick auf die amerikanische Erinnerungskultur nicht neu justiert werden muss. Deren offenkundige Unfähigkeit im Umgang mit Rassismus ist schließlich nur die eine massive Fehlstelle. Es gibt jedoch noch eine weitere: Auch über die vielen Fälle, in denen amerikanische Soldaten für den Tod von Zivilisten und Nichtkombattanten verantwortlich sind, wird öffentlich so gut wie nie gesprochen.

Das jüngste Beispiel dafür lieferte der Militärschlag gegen die Huthi im Jemen, der aufgrund eines spektakulären Verstoßes gegen Geheimhaltungsvorschriften weltweit für Aufsehen gesorgt hat. Das Weiße Haus leugnete zunächst jegliches Fehlverhalten von Regierungsmitgliedern, woraufhin Jeffrey Goldberg, Chefredakteur der Zeitschrift *The Atlantic*, Protokolle eines Signal-Chats veröffentlichte, zu dem er versehentlich eingeladen worden war, die das Gegenteil bewiesen.[1] Folgt man dem Bericht von Heather Cox Richardson, hatte der stellvertretende Stabschef im Weißen Haus, Stephen Miller, die Entscheidung zum Militärschlag offenbar »auf Basis seiner Interpretation der Absichten von Donald Trump getroffen. Die App [auf der die Pläne diskutiert wurden] war entgegen der Vorgaben des Presidential Records Act so eingestellt, dass Nachrichten automatisch gelöscht werden. Offenbar gab es weder eine Strategie noch eine diplomatische Leitlinie, nur eben den Wil-

1 Jeffrey Goldberg, *The Trump Administration Accidentally Texted Me Its War Plans*. In: *The Atlantic* vom 24. März 2025.

len, zuzuschlagen. Chat-Teilnehmer reagierten auf die Nachricht vom Einsturz eines Wohnhauses, in dem sich der Huthi-Führer angeblich befand, mit Emojis: Fäuste, Feuer, US-Flagge.«[2]

An diesem Vorfall ist derart vieles empörend – der Leichtsinn, die kindischen Macho-Emojis, der möglicherweise verfassungswidrige Machtmissbrauch, der Verrat von Informanten, Quellen und Verbündeten –, dass der Militärschlag als solcher dabei leicht in den Hintergrund rückt: Wer außer der hochrangigen Zielperson befand sich eigentlich noch in dem Wohnhaus, das unsere »manly leaders« unbedingt angreifen wollten? Wie viele Zivilisten und Nichtkombattanten? Wie viele Frauen und Kinder?

Goldberg zufolge – der zunächst gar nicht glauben konnte, dass er über den Chat tatsächlich unbeabsichtigt zum Echtzeitzeugen eines Militäreinsatzes geworden war – »drehte sich die Diskussion nach dem Luftschlag um die Schäden und unter anderem auch um den wahrscheinlichen Tod einer ganz bestimmten Einzelperson. Das von den Huthi geführte jemenitische Gesundheitsministerium berichtete von mindestens dreiundfünfzig Toten. Die Zahl konnte bisher nicht unabhängig überprüft werden.« Im Chat gratulierte man sich, zu den Emojis gehörten diesmal der Bizeps, (auch hier wieder) die amerikanische Flagge und betende Hände.

Wir dürfen davon ausgehen, dass hier nicht der zivilen »Kollateralschäden« des Angriffs gedacht werden sollte. Der Chat dokumentiert allein die selbstbeweihräuchernde Freude darüber, dass das Ziel getroffen wurde. Doch selbst Jeffrey Goldberg und Heather Cox Richardson sind offenbar derart überwältigt von dem spektakulären Sicherheitsleck und seinen Folgen, dass sie keine Zeit finden, jene Anderen zu erwähnen, deren tatsächliche Anzahl nicht überprüft werden konnte. Wird sie das jemals werden? Interessiert uns die Zahl wirklich?

Als Richardson einige Wochen später auf das Thema zurückkommt, stellt sie ziemlich detailliert dar, welchen materiellen Schaden das Sicherheitsleck zur Folge hatte. Es führte zum Verlust »eines 60 Millionen Dollar teuren ›F/A-18 Super Hornet‹-Kampffliegers«.[3] Sie erwähnt auch noch »einen [amerikanischen] Marineangehörigen, der leicht verletzt wurde«, mit keiner Silbe aber die Huthi-Zivilisten

Wir haben es hier mit einem typischen Beispiel für die Form bewusst gepflegter kultureller Amnesie zu tun, die schon bei der historischen Auseinandersetzung mit Amerikas letztem »gerechtem Krieg«, dem Zweiten Weltkrieg, zu beobachten war: Die Erinnerungskultur der USA ist gefangen in einem Denken in Kategorien des Heroischen, das militärische Exzesse und

2 »White House deputy chief of staff Stephen Miller apparently made the decision to strike based on his interpretation of what President Donald Trump wanted. In violation of the Presidential Records Act, the app was set to delete the messages. There was apparently no larger strategy or diplomatic plan other than to strike, and participants greeted news of the collapse of an apartment building into which a Houthi leader had allegedly walked with emojis of fists, fire, and a U.S. flag.« Heather Cox Richardson, *Letters from an American: April 12, 2025* (heathercoxrichardson.substack.com/p/april-12-2025-145).

3 Heather Cox Richardson, *Letters from an American: May 1, 2025* (heathercoxrichardson.substack.com/p/may-1-2025).

Übergriffe – in einigen Fällen mutmaßliche Kriegsverbrechen und Verbrechen gegen die Menschlichkeit – reflexartig durch Verweis auf das »höhere Gut« rechtfertigt, um dessentwillen sie begangen wurden. Und damit hat es sich dann. Keine Trauer, keine Gewissensbisse, kein Bewusstsein dafür, was es bedeutet, wenn Menschen durch blanken Zufall in die Schusslinie geraten. Menschen wie Sie und ich.

Erinnerungskultur ist immer zugleich Vergessenskultur. Sofern, wie im Fall der Nationalsozialisten, gute Gründe dafür sprechen, dass der Gegner sich des Völkermords schuldig gemacht hat, fällt es leichter, wahlloses Töten hier und da zu rechtfertigen – und es dann zu vergessen. Nur prägen diese Verdrängungsmuster eben auch den heutigen Umgang von uns Amerikanern mit Krieg und Völkermord. Wenn wir die Erinnerung an unsere eigenen Gewalttaten verdrängen, haben wir mit höherer Wahrscheinlichkeit auch Verständnis für die der anderen oder sind zumindest eher gewillt, nicht so genau hinzuschauen.

Wer diese Dynamik genauer untersuchen will, muss sich nur die ganze Bandbreite der Reaktionen auf den Israel/Gaza-Krieg ansehen. In einem elegant argumentierenden, ganzseitigen Essay in der *FAZ* zeichnete der israelisch-amerikanische Philosoph Omri Boehm kürzlich nach, wie der Universalhumanismus, der nach dem Zweiten Weltkrieg beschworen worden war, um Völkermord zu verhindern, nun in Anschlag gebracht wird, um ihn zu rechtfertigen.[4] Bizarrerweise war es ausgerechnet Carl Schmitt, der Kronjurist des »Dritten Reichs«, der lange vor der UN-Menschenrechtserklärung davor warnte, dass das Konzept der universellen Menschenwürde – die »Menschheit« selbst – ohne Weiteres auch dazu eingesetzt werden könnte, die eigenen Feinde zu Untermenschen zu erklären. Boehm zeigt, wie Recht Schmitt hatte.

Denn genau so ist es gekommen. Mit der Behauptung, die Gründung des Staates Israel stelle selbst schon einen Völkermord dar, können linke Hamas-Freunde laut Boehm die wahllose Tötung von Israelis rechtfertigen. Denn wenn die »Kolonisierung« an sich »wesensmäßig genozidal« ist, braucht Hamas im Gegenzug auch nicht zwischen Kombattanten und Nichtkombattanten, zwischen Soldaten und Zivilisten zu unterscheiden. Das wäre »unfair«. Ganz offenbar gibt es auch die umgekehrte Position, wenn nämlich ranghohe israelische Offiziere und die Regierung Netanjahu die völlige Zerstörung des Gazastreifens zu legitimieren versuchen, wie Boehm ebenfalls akribisch nachvollzieht. In beiden Fällen wird das de facto wahllose Töten von Kombattanten wie Nichtkombattanten gebilligt. Mit anderen Worten, wir leben wieder in der Welt vor der Menschenrechtserklärung. Ist der eigene Feind erst einmal zum »Barbaren« erklärt, ist alles erlaubt.[5]

4 Omri Boehm, *»Nie wieder« gilt längst. Der Humanismus der Nachkriegsordnung steht auf dem Prüfstand: Zum Streit um die Völkermordvorwürfe im Gazakrieg*. In: *FAZ* vom 27. März 2025.

5 Der ebenfalls israelisch-amerikanische Historiker Omer Bartov zieht dieselbe Schlussfolgerung. Für ihn gehört der »Siedlungskolonialismus« allerdings nicht zu den »beiden Genoziden«. Ihm geht es vielmehr darum, wie der Holocaust, mit dem er sich seit Jahrzehnten intensiv beschäftigt, für Israelis zum »Freibrief« für die Tötung von Palästinensern geworden ist – so der Titel eines Essays, dessen Untertitel das Argument mit bemerkenswerter Klarheit

Wie konnte das passieren? Eine Antwort könnte lauten, dass wir nun mal so sind, dass wir den hehren Idealen der Menschenrechtserklärung nie wirklich entsprachen. In gewisser Weise mag das stimmen.

Aber es ist nicht die ganze Wahrheit. Wir sind auch Produkte des kulturellen Gedächtnisses mit all seinen Ritualen und toten Winkeln. Immer wieder heißt es, das Holocaustgedenken habe die historisch beispiellose Erklärung allgemeiner Menschenrechte ermöglicht. Und in der Tat ist die Shoah, wie der Ideengeschichtler Alec Ryrie in *Unbelievers – An Emotional History of Doubt* (2019) erläutert, zum wichtigsten moralischen Prüfstein der modernen Welt geworden und hat damit die Funktion eingenommen, die früher einmal die Religion hatte.

Das ist aber auch nur die eine Seite. Denn das »Nie wieder« der Allgemeinen Menschenrechte verbietet nicht nur den Völkermord, sondern auch manche Mittel der Kriegsführung, die zu seiner Verhinderung eingesetzt werden könnten. »By any means necessary« mag ein attraktiver Slogan sein, aber genau das darf ebenfalls nicht sein. Diese Lektion ist anscheinend schwer zu lernen, besonders für diejenigen, die absehbare »Kollateralschäden« rechtfertigen, also die geplante und im Vorhinein schon in Kauf genommene Ermordung von Zivilisten und Nichtkombattanten im Interesse des übergeordneten, moralisch aufgeladenen Hauptziels.

In den USA kann man darüber kaum sprechen. Die Debatte ist auf Experten beschränkt oder wird erst gar nicht geführt. Für Erstere ist sie nicht neu und damit vielleicht auch weniger spannend. Der Rest der Bevölkerung schert sich wenig darum.

Das bedeutet wohlgemerkt nicht, dass die alliierte Bombardierung von Zivilisten und Nichtkombattanten mit dem Holocaust gleichzusetzen wäre – auch wenn viele im Deutschland der Nachkriegszeit offenbar so dachten. In Max Horkheimers und Theodor W. Adornos berühmtem »Gruppenexperiment«, einer großangelegten Studie, in deren Rahmen eintausendachthundert Deutsche aus verschiedenen Bevölkerungsgruppen zum Thema Kriegsschuld befragt wurden, kam die »Bombardierung der deutschen Zivilbevölkerung, die von den meisten Teilnehmern unmittelbar erlebt worden war, [...] am häufigsten zur Sprache«. Susan Neiman bemerkt, dass das eine mit dem anderen verrechnet wurde: »Wer sich [der Bombardierung von Zivilisten] schuldig gemacht hat, habe«, so die Befragten, »kein Recht, andere wegen Kriegsverbrechen anzuklagen«.[6] Die Umerinnerungsübung dient offensichtlich dem Eigennutz. Die Lehre aus dieser Studie muss aber lauten, dass wir uns mit dem Thema auseinandersetzen sollten. Die zurechtgebogene Erinnerungskultur im Deutschland der 1950er Jahre ist kein Grund, die Amerikaner von der Pflicht zu

zusammenfasst: »Das Holocaustgedenken muss paradoxerweise als Begründung für die Auslöschung des Gazastreifens herhalten und soll auch noch das Schweigen im Angesicht der Gewalt legitimieren«. Der Online-Teaser der *New York Review of Books* formuliert noch knapper: »Völkermord rechtfertigt Völkermord« – womit wir wieder bei Boehm sind. Omer Bartov, »*Infinite License*«. In: *New York Review of Books* vom 24. April 2025.

6 Susan Neiman, *Von den Deutschen lernen. Wie Gesellschaften mit dem Bösen in ihrer Geschichte umgehen können.* Aus dem Englischen von Christiana Goldmann. München: Hanser 2020.

entbinden, über ihren jahrzehntelangen Einsatz – und Missbrauch – militärischer Gewalt nachzudenken.

Wir müssen davon ausgehen, dass es zu »Overkill«-Vorfällen kam, also zum übermäßigen Töten. Mit Bezug auf Deutschland muss man nur die Städtenamen Dresden und Hamburg nennen, um auf diese Problematik hinzuweisen; die Bewohner anderer Städte werden ihre Heimatorte in diese Liste aufgenommen wissen wollen.

Ich brauche übrigens keine Belehrungen über die Expertenkommission, die die alliierte Bombardierung Dresdens untersucht hat, und über die einhundertdreißig kleineren Waffenfabriken, die sie entdeckt hat und die als Rechtfertigung des Luftschlags herhalten müssen. Ich weiß das; ich habe darüber geschrieben. Einige (allerdings wohl nicht sehr viele) Deutsche werden davon Notiz genommen haben. Im amerikanischen Bewusstsein ist davon so gut wie nichts angekommen.

»Die deutsche Kriegsgeneration hat tatsächlich einen hohen Preis bezahlt«, so Neiman. »Vor allem mit sieben Millionen Toten. [Das war] mehr als ein Zehntel der deutschen Bevölkerung, und kaum eine Familie blieb verschont. Von den Toten waren mindestens eine Million Zivilisten, obwohl niemand genau weiß, wie viele bei den alliierten Luftangriffen umkamen, die diese als Vergeltung für London und Coventry aufgenommen hatten […] Und noch eine Zahl: Ein Viertel des deutschen Staatsgebiets wurde dauerhaft abgetreten.«

Wir wissen, dass damit eine weitere Welle des Leids ausgelöst wurde. Zwölf Millionen »Vertriebene« flohen aus dem Osten, um weit weg von ihrer Heimat unter Ausgebombten ein neues Leben zu beginnen. Alle versuchten gemeinsam, den Winter 1946 zu überleben, den kältesten seit Menschengedenken. Um Amerikanern das Ausmaß der Geschehnisse zu vermitteln, bemüht Neiman einen kontrafaktischen Vergleich, der interessanterweise in der deutschen Ausgabe ihres Buches fehlt: »Stellen Sie sich vor, China würde die Westküste der Vereinigten Staaten erobern, und die gesamte westlich von Wyoming ansässige amerikanische Bevölkerung würde ostwärts fliehen, um sich in Sicherheit zu bringen.«[7]

Die Parallele ist gut gemeint, verpufft aber. Denn Amerikaner haben sich überhaupt noch nicht mit »deutschen Opfern« auseinandergesetzt, und sie haben schon gar keine Verantwortung übernommen. Unterstützt durch W. G. Sebald, Jörg Friedrich und andere haben dagegen die Deutschen im letzten Vierteljahrhundert begriffen, dass Opfer und Leid des Zweiten Weltkriegs nicht gegen die Verantwortung für den Holocaust aufgerechnet werden können. Dass dies zum Allgemeingut geworden ist (allerdings zugegebenermaßen nicht für viele Rechte), ist eine wichtige Errungenschaft. In den Vereinigten Staaten gibt es nichts dergleichen, nicht einmal ansatzweise.

Selbst die Atombombenabwürfe auf Hiroshima und Nagasaki finden kaum noch Nachhall. Allenfalls werden sie zum Debattenthema im Geschichtsunterricht degradiert: War das ein Kriegsverbrechen (ein »military excess«) oder ein strategisch alternativloser Schritt, mit dem der Krieg schneller beendet und Tausende Leben

7 Susan Neiman, *Learning from the Germans. Race and the Memory of Evil*. New York: Macmillan 2019.

(darunter das von deinem Opa) gerettet werden sollten? Dreimal dürfen Sie raten, wie diese Debatten ausgehen. Die Ausstellung im Smithsonian Museum zur Enola Gay, dem Flugzeug, aus dem die erste Atombombe abgeworfen wurde, musste 1995 ganz schnell wieder schließen, weil Veteranengruppen bemängelten, dass zu viel von den Opfern die Rede war. Im Rückblick auf die Kontroverse, die schließlich zu seinem Rücktritt führte, verweist Martin O. Harwit, Direktor des National Air and Space Museum, auf die amerikanischen Kulturkämpfe, die »jeden zum Staatsfeind erklären, der, wie vorsichtig und zaghaft auch immer, Fragen zum Einsatz der Atombombe aufwirft«.

Jenseits universitärer Seminarräume, also in der breiteren amerikanischen Öffentlichkeit, wird die ernsthafte Beschäftigung mit der häufigen, bewussten Tötung von Nichtkombattanten – im Zweiten Weltkrieg, in Vietnam, im Irak oder anderswo – meist schon im Ansatz erstickt. Es ging halt nicht anders, jedenfalls dachte man das damals; man hatte halt keine besseren Waffensysteme (nur die »dumb bombs« des Zweiten Weltkriegs); es war ohnehin ein Unfall (Fehlschüsse, irrtümliche Entscheidungen aufgrund von Falschinformationen). Die Liste der Gegenargumente ist lang, und vieles davon mag auch stimmen oder ehrlicher Überzeugung entspringen. Aber diese Einwände wollen Gespräche zum Erliegen bringen, nicht auf eine neue Grundlage stellen. Und darum geht es mir hier.

Fragen Sie einen Amerikaner nach Lieutenant Calley, wird er Ihnen antworten, dass man dem Mann für seinen Einsatz dankbar sein und ihm beim Einsteigen ins Flugzeug den Vortritt lassen sollte. Wer das eigentlich war, wird ihr Gesprächspartner wahrscheinlich gar nicht wissen. Denn den wenigsten ist klar, dass Calley für den Mord an zweiundzwanzig Zivilisten im Rahmen des Massakers von My Lai zu lebenslanger Haft verurteilt wurde. An diese Art von Kriegsführung erinnert man sich eben nur ungern. Und wenn – falls – es einmal um Opferzahlen geht, dann um die rund 58 000 gefallenen amerikanischen Soldaten, nicht die zwei bis drei Millionen vietnamesischen Leben, Hunderttausende davon Zivilisten, und nicht die Toten der rechtswidrigen amerikanischen Bombardierungen von Laos und Kambodscha.

Es gibt kaum einen besseren Beweis für die Schwächen der amerikanischen Erinnerungskultur als den Vietnamkrieg. Aus deutscher Sicht handelt es sich eindeutig um einen von Amerikanern begangenen Völkermord. Der frühere Außenminister Joschka Fischer formulierte es auch so; er hatte diese Einschätzung bereits während seiner Zeit in der Studentenbewegung entwickelt. Hieran sieht man übrigens deutlich, dass die deutsche Erinnerungskultur sehr wohl Vergleiche von Völkermorden zulässt, jedenfalls implizit. Der Schriftsteller Peter Schneider meinte einmal zu mir, die scharfe Kritik der Studentenbewegung am Vietnamkrieg habe immer auch der eigenen »Entlastung« gedient. Irgendwie muss es tröstlich gewesen zu sein, dass nicht nur die eigenen Eltern Völkermörder waren.

Die meisten Amerikaner wären angesichts dieser Vorwürfe schockiert. Sie halten den Vietnamkrieg für den ehrenvollen Versuch, den weltweiten Sieg des Kommunismus zu verhindern, und sie meinen, das Land wurde hinterrücks in einen Krieg gelockt, den es nicht gewinnen konnte. Die

Vietnam-Gedenkstätte in Washington, deren innovatives Design so oft gelobt und nachgeahmt wurde, gedenkt der Amerikaner selbst.

Am kraftvollsten abgewürgt werden Gespräche über militärische Exzesse durch den freundlichen Hinweis, man habe gar nicht das Recht, diese Frage zu stellen. Es herrschte Krieg, du Dummerchen, richtige Männer haben gekämpft, du warst nicht dabei – geh spielen!

Ich bestreite überhaupt nicht die Wichtigkeit eingehender historischer Untersuchungen spezifischer Militäroperationen. Dafür bin ich schließlich Wissenschaftler. Nur wurden viele dieser Untersuchungen bereits durchgeführt, und ihre Ergebnisse lagern in einer Parallelwelt dicker Schwarten auf staubigen Bibliotheksregalen und werden kaum je ans Licht gezerrt. Oder sie wurden, um ihre Wirkung zu erhöhen, in einem jener Digitalarchive hinterlegt, die Präsident Trumps willige Helfer nach und nach ausradieren.

Friedensforscher in aller Welt wissen, was im Hinblick auf das breitere kulturelle Gedächtnis fehlt: wirkliche Gelegenheiten, genau jene zu betrauern, deren Tod zum fairen »Preis« eines gerechten Krieges erklärt wird. (Man erschaudert in diesem Zusammenhang allein schon bei dem Begriff.) Es geht nicht darum, alles aufzurechnen und die Opfer ein weiteres Mal, nun unter Hinweis auf die Notwendigkeit ihres Sterbens, aus unserem Gewissen zu verbannen. Sogar und vor allem wenn wir meinen, dass der Zweck die Mittel gerechtfertigt hat, müssen wir uns fragen: Wo gibt es Raum zu trauern, zu bedauern, zu bereuen? Welche unserer kulturellen Rituale lassen Vieldeutigkeit und Gewissensprüfungen zu? Wo dürfen wir Schmerz und Tränen zum Vorschein kommen lassen und zerstörte Leben beklagen? Haben wir in unserer Kultur je den Versuch unternommen, Mitgefühl mit den zivilen Opfern unserer moralisch gerechtfertigten Handlungen zu entwickeln?

Dies war die Domäne der Religion. In Deutschland aber sind die Kirchen auf dem Rückzug. »Jährlich werden enorme Zahlen an Kirchenaustritten vermeldet«, schreibt Jürgen Kaube, »die Kirchen sind vielerorts fast leer.«[8] Und in den USA, wo Religion eine größere politische Rolle spielt, ist die Verschränkung von Evangelikalen und MAGA-Bewegung inzwischen so eng, dass viele Christen sich vor den Kopf gestoßen fühlen. Von ihnen dürfen wir nur das Altbekannte erwarten: die Vorherrschaftsideologie des White Suprematism, Fremdenfeindlichkeit, nur keine Empathie mit Zivilisten auf Seiten des einstigen Feindes.

Wenn wir die Gewalt, die wir im Namen des guten Zwecks begangen haben, vergessen, was dank der amerikanischen Vergessenskultur so ausnehmend bequem ist, dann werden wir den Fehler wiederholen und »Kollateralschäden« rechtfertigen – in Gaza, Israel oder wo auch immer unsere Feinde wohnen. Die ausladende amerikanische Vergessenskultur bildet die unsichtbare Basis jenes Extremismus, den wir im Nahen Osten und darüber hinaus beobachten, und sie macht uns Amerikaner blind für unsere Komplizenschaft.

Werden wir jemals in der Lage sein, unserer eigenen Verbrechen gegenüber Zivilisten und Nichtkombattanten zu gedenken, als Gesamtgesellschaft, außerhalb des El-

8 Jürgen Kaube, *Ein besonderes persönliches Charisma*. In: *FAZ* vom 26. April 2025.

fenbeinturms? Ist das utopisch? Wir würden damit endlich der Allgemeinen Erklärung der Menschenrechte gerecht werden und uns, zum unausgesprochenen Leidwesen mancher Deutschen, ein Beispiel am Besten der deutschen Erinnerungskultur nehmen.

Mit einem Anflug von Neid fragten meine deutschen Freunde mich früher, warum die Amerikaner ein so entspanntes Verhältnis zu ihrem eigenen Land hätten und ihnen der Patriotismus so leichtfalle. Heute fragen sie mich das nicht mehr. Sie haben wohl gemerkt, dass die USA einen hohen Preis dafür bezahlt haben: die Unterdrückung jeglicher Selbstkritik. Amerika wieder groß zu machen bedeutet auch, vergangene Gewalt zu verschweigen. Darin sind die USA tatsächlich Weltmeister.

PS: Inzwischen ist die US-Militärkampagne gegen die Huthi, die auch den oben erwähnten Angriff umfasste, beendet. Obwohl Trump einen Sieg vermeldete, ist es nicht gelungen, die Milizen von der Bombardierung von Schiffen auf dem Weg nach Israel abzuhalten. Ganz im Gegenteil: In den sozialen Medien verkünden sie kühn: »Jemen besiegt Amerika«. Bezeichnenderweise konzentriert sich die mediale Berichterstattung in den USA auf die »Kosten« dieses Einsatzes, die fast ausschließlich in Form von verschwendeter Munition und Geldaufwand thematisiert werden. Nur beiläufig erfahren wir von den »dozens of people [who] were killed in a U.S. attack that hit a migrant facility controlled by the Houthis«. Weder wird eine konkrete Zahl genannt noch erhalten wir eine Vorstellung von den genaueren Umständen des Vorfalls.[9]

Aus dem Englischen
von Christophe Fricker

9 Helene Cooper u.a. *Why Trump Suddenly Declared Victory Over the Houthi Militia*. In: *New York Times* vom 12. Mai 2025.

Sommerschnee und Herbstzeitlose

Von Anke Stelling

Für den Fall, dass du nicht mitzählst und nicht merkst, dass schon wieder Anfang Juli ist, lass dir gesagt sein: Es ist schon wieder Anfang Juli, die erste Hälfte des Jahres ist vorbei, das hier ist die siebte Kolumne, der Zenit meines Zyklus ist ebenso überschritten wie der der Jahreszeiten. Und? Nichts und, außer dass es aufs Ende zugeht. Und das heißt einiges.

An anderer Stelle hatte ich bereits erwähnt, dass – oh ja, genau das heißt es auch: dass jetzt immer öfter hier zu lesen sein wird, ich hätte an anderer Stelle dies oder das bereits behauptet – ich wollte sagen, ich hatte schon gesagt, dass ich gegen schnelles Sterben bin. Also nein, also schon – lieber schnell sterben, als zu lange zu leiden –, aber als Einstellung stört's mich, als Pose in Apokalypsegesprächen – denen man derzeit nur durch schnelles Sterben entkommt. Ich jedenfalls meine halt zu wissen, dass es nicht so einfach ist, zu sterben. Auch dazu braucht es Talent.

Heikles Thema.

Aber wenn der Zenit überschritten ist, kommen die heiklen Themen aufs Tapet, oder? Dann ist es nämlich auch schon egal. Also: Schnallt euch an. Nein, lasst den Gurt eingerollt, hier wird sich nicht mehr abgesichert, ich trau' mich jetzt auch – endlich rauszulassen, worum's mir eigentlich geht.

Als ich vor zwei Jahren meinem Mann, während er Kartoffelsalat gemacht hat, *Das Liebespaar des Jahrhunderts* vorgelesen habe in der Küche – damals war er noch da, und die Ameisen waren's noch nicht –, meinte er nach der Passage, wo die Erzählerin beschreibt, wie ihr die Wörter ausgehen und sie einen anhaltenden Druck auf der Brust verspürt und beim Anblick einer akkurat angebrachten Jalousie in Tränen ausbricht: »Warum sagt sie nicht einfach: *Ich hatte eine Depression*?«

»Ach«, sagte ich, »seit wann bist du denn für die schnelle Diagnose?« – weil er sich während der zwei Jahre dauernden Paartherapie standhaft geweigert hatte, sich ein entsprechendes Etikett anheften zu lassen –, und daraufhin sagte er nichts mehr, sondern goss Brühe über die Kartoffeln, und ich las weiter vor.

Wir waren ein bildungsnaher und kunstaffiner Haushalt mit schwäbischem Kartoffelsalat auf dem Tisch.

Damals war mein Steckenpferd gerade die Weigerung von Männern, sich vasektomieren zu lassen – als Verhütungsmethode in Paarbeziehungen, deren Familienplanung eigentlich als abgeschlossen gilt –, kein Familienvater um die fünfzig war zu der Zeit davor sicher, von mir danach gefragt zu werden, wie er's damit denn halte, und acht von zehn sagten: »Ja, seltsam eigentlich«, aber sie würden's auch nicht wollen, geschweige denn tun.

Mein Mann auch nicht.

Wer soll das überhaupt noch sein, dieser ihr Mann, fragst du dich, und ich gebe zu, dass ein winzig kleiner Teil von mir hofft, dass wenn schon nicht er selbst – der das hier vermutlich nicht lesen wird –, dann doch jemand anderes – die ihr mir nie schreibt und bislang keinen meiner Söhne adoptieren wolltet – sich jetzt aufrafft, die Redaktion kontaktiert und sagt: »Doch, sehr wohl, das hat er. Er hat es inzwischen getan.«

Beim Osterspaziergang – die Kolumne wird aus produktionstechnischen Gründen zwei Monate im Voraus geschrieben, vor meinem Fenster ist nicht Anfang Juli, sondern Anfang Mai – beim Osterspaziergang jedenfalls wurde angezweifelt, ob der große, krumme, nahezu blattlose Baum direkt am Wegrand tatsächlich derselben Gattung angehöre wie der kleine, kerzengerade, wunderschön belaubte weiter hinten im Wald. Und ich musste sagen: »Doch, leider, der eine ist halt alt und krank und der andere jung und gesund, aber beides sind Pappeln.«

Wir waren eine Gruppe guterhaltener Angehöriger der Generation X, wir waren sexy gekleidet – ohne Funktionsjacken, das Wetter war aber auch schön –, wir waren prima zu Fuß – obwohl durchaus der ein oder andere Hallux valgus im Veja-Turnschuh steckte –, und Dilek war nicht dabei, sondern bei ihren Eltern in Schwäbisch Gmünd, ohnehin kann sie Ausflüge ins Berliner Umland nicht leiden. Und trotzdem – oder genau deshalb – war nach der Gattungserkenntnis erst einmal Schweigen im Wald.

»Wir feiern heute das ewige Leben!«, sagte irgendwann eine der agnostischsten, weil DDR-sozialisierten Personen unter uns, während ich noch über das Wort *Gattung* nachdachte und dass ich an Pappeln neben ihrem scharfen Geruch am liebsten ihre Flugsamen mag. Auch über die hab' ich ja an anderer Stelle schon geschrieben, über den sogenannten Sommerschnee, der jetzt, wo du das hier liest auf deiner Picknickdecke im Pankower Freibad, vielleicht noch immer weite Teile der Wiese bei den Volleyballfeldern bedeckt.

Jedenfalls bemerkte ich, wie ich mich mal wieder an Wörtern und deren Herkunft – indoeuropäisch *ghadh*: eng verbunden – und deren Familie – Gatte, Gatter, begatten, ergattern – festhielt und ich bei Pappeln auch überhaupt nichts dagegen hatte, wenn sie ihre Samen sonstwohin fliegen ließen. Ich aber Hinweise auf das Werden und Vergehen in der Pflanzenwelt als Aufforderung, mich mit dem menschlichen Werden und Vergehen und Verhalten abzufinden oder gar anzufreunden, so wenig leiden kann wie den Spruch vom schnellen Sterben. Nein und nein. Die junge kerzengrade Pappel braucht den alten Stammbaum nicht mehr, der kann in aller Ruhe eingehen, aber dass sie in *Four Seasons* – dem Netflix-Remake des Alan-Alda-Films – Nick mir nichts, dir nichts sterben lassen, nachdem er die zwanzig Jahre jüngere Ginny geschwängert hat, ist nicht nur dramaturgisch ein Armutszeugnis, sondern auch inhaltlich eine unverzeihliche Ausweichbewegung. Ich hätte zu gern gesehen, wie's mit Nick als altem Vater weitergeht in der zweiten Staffel, stattdessen gibt es jetzt zwei Witwen und zwei Halbwaisen, und er ist einfach raus.

Dann fiel mir ein, dass es ja *Comme Une Image (Schau mich an!)* von Agnès Jaoui aus dem Jahr 2004 gibt und ich den stattdessen mal wieder anschauen kann. Da stirbt Etienne nicht, sondern hat zwei Töchter im Abstand von zwanzig Jahren und eine Frau, die nur wenig älter als die ältere Tochter ist. Und die kann er aber auch schon nicht mehr richtig leiden, wohl weil er sich selbst nicht so richtig gut leiden kann, und das kriegt man mit, obwohl Etienne vor allem fies zu allen andern ist.

Jetzt war ich bei der Therapeutin, und sie hat gesagt, sie verstehe nicht, wie ich das mache mit dem Verständnis für diejenigen, die mir Schmerz zufügen. Ich vollzöge doch da selbst eine Art Ausweichbewegung – unverzeihlich sagt sie nicht, sie urteilt nicht –, aber sonderlich hilfreich für meine Psychohygiene erscheine ihr das nicht.

»Wenn ich diese Leute nicht verstehe, kann ich ihr Verhalten auch nicht mehr entschuldigen, und dann geht's mit dem Schmerz erst richtig los«, sagte ich.

»Die schwierigen Gefühle wollen auch mal an die Luft«, erwiderte sie freundlich, aber ich lasse das doch lieber noch ein Weilchen im Ungefähren, verschiebe den richtigen Rant auf nächsten Monat und wünsche allen alten Vätern viel Spaß im Pankower Freibad, gebt Acht, dass eure Kleinen nicht ertrinken, setzt sie und euch nicht zu sehr der Sonne aus und geht zum Abspritzen doch nächstes Mal einfach auch nach hinten zu den Volleyballfeldern.

Der Merkur im Internet: Aktuelle Interventionen und Kommentare, Reaktionen auf Texte in der Druckausgabe, Blicke ins Archiv, Hinweise zu Tagungen und Links zu lesenswerten Artikeln und Essays online, zu finden unter:

www.merkur-zeitschrift.de/blog/

Demnächst:

Susanne Neuffer
Recherche

Trung Hoàng Lê
Sprachverlust und Migration

Ernst-Wilhelm Händler
Warum Olivia, Taylor und *Euphoria* mega sind, und was das für die Literatur bedeutet